建筑电气工程师技术丛书

建筑安全监控防范技术

芮静康 主编

中国建筑工业出版社

图书在版编目（CIP）数据

建筑安全监控防范技术/芮静康主编．—北京：中国建筑工业出版社，2005
（建筑电气工程师技术丛书）
ISBN 7-112-07804-0

Ⅰ．建… Ⅱ．芮… Ⅲ．房屋建筑设备：安全设备
Ⅳ．TU899

中国版本图书馆 CIP 数据核字（2005）第 114886 号

建筑电气工程师技术丛书
建筑安全监控防范技术
芮静康　主编

*

中国建筑工业出版社出版、发行（北京西郊百万庄）
新 华 书 店 经 销
北京密云红光排版厂制版
北京富生印刷厂印刷

*

开本：850×1168 毫米　1/32　印张：9⅞　字数：270 千字
2006 年 1 月第一版　2006 年 1 月第一次印刷
印数：1—3000 册　定价：**20.00** 元
ISBN 7-112-07804-0
（13758）

版权所有　翻印必究
如有印装质量问题，可寄本社退换
（邮政编码 100037）
本社网址：http://www.cabp.com.cn
网上书店：http://www.china-building.com.cn

建筑安全监控的重要性越来越明显,读者需求越来越大。

本书内容新颖,概念准确,图文并茂,通俗易懂,既有理论,又有实践,介绍了安全防范技术方面的众多内容。

本书内容包括:闭路电视监控系统,防盗报警系统,出入口控制系统,楼宇对讲系统与电子巡更系统,停车场管理系统等。

本书可供宾馆、饭店、现代楼宇的工程技术人员、工矿企业的电气技术人员阅读,也可供有关专业的大专院校师生参考。

* * *

责任编辑:刘　江　刘婷婷
责任设计:董建平
责任校对:孙　爽　王雪竹

编审委员会

顾　　问	陈汤铭	清华大学教授、电机学奠基人之一
	杨宝禄	中国电机工程学会常务理事，北京电机总厂首任总工程师
主　　任	芮静康	特聘教授、高级工程师
副 主 任	余发山	教授、河南理工大学电气工程学院院长
	曾慎聪	教授级高工，原水电部小水电研究所所长
委　　员	武钦韬　路云坡　席德熊　童启明	
	刘　俊　潘永华　王　梅　胡渝珏	
	周德铭　黄　玲　雷焕平　张燕杰	
主　　编	芮静康	
副 主 编	余发山　张燕杰　田慧君	
作　　者	芮静康　余发山　王福忠　易小郑	
	田慧君　陈晓峰　陈　洁　屠姝妹	
	韩　军　郭永东　郭三明　段俊东	
	李福军　王　梅　张燕杰　杨　静	
	王祥勇	

前　言

　　智能建筑是信息时代的产物，是高科技和现代化建筑的集成，已成为综合国力的体现，智能建筑是今后现代化建筑的重要发展方向，建筑的智能化已从智能化初级阶段向高级智能化发展。智能建筑涉及保安防盗监控、消防自动报警、通信自动化、空调制冷和楼宇自动控制、计算机应用及网络系统、电梯的智能控制、供配电系统的无人监控和智能化、综合布线系统、住宅智能化以及管理与办公自动化等等。其中安全防范系统和建筑设备监控系统的地位越来越重要，因为涉及建筑安全问题，备受社会和人们重视。这门类的技术发展也很快，新的产品、新的控制系统层出不穷，日新月异。

　　在智能建筑设计标准中，规定了"建筑设备监控系统"和"安全防范系统"两部分内容。本书侧重于安全防范系统，如电视监控系统、入侵报警系统、出入口控制系统、巡更系统以及汽车库（场）管理系统等。但许多内容从技术性讲，对建筑设备监控系统是一致的，仅仅是监控对象不同。作者认为就监控系统而言，可分为广义的监控系统和狭义的监控系统，围绕着安全防范的内容来叙述的监控系统为狭义的监控系统；若包括建筑设备监控系统，可认为是广义的监控系统。有许多单位有中控室或称监控室，有的只是安全防范的监控，有的则具有建筑设备的监控功能，如对空调系统设备、通风设备及环境监测系统等运行工况的监视、控制、测量、记录，对供配电系统、变配电设备、应急（备用）电源设备、直流电源设备、大容量不停电电源设备监视、测量、记录，对动力设备和照明设备进行监视和控制，对给排水系统的给排水设备、饮水设备及污水处理设备等运行工况的监视、控制、测量、记录，对热力系统的热源设备等运行工况的监视、控制、测量、记录，对公共安全防范系统、火灾自动报警与消防联动控制系统运行工况进行必要的监视及联动控制，对电梯及自动扶梯的运行监视等。安全监控和设备监控有区别又不可分割。本书侧重于安全监控。

　　本书内容新颖，概念准确，图文并茂，文字精练，实用性强。本书共六章，第一章概念，第二章闭路电视监控系统，第三章防盗报警系统，第四章出入口控制系统，第五章楼宇对讲系统与电子巡更系统，第六章停车场管理系统。在第二章中，详细介绍了有关监控系统的设计要求，及其组成的内容，并介绍了施工要求和使用维护，还介绍了较为先进的监控设计产品。

　　本书由清华大学教授、电机学奠基人之一陈汤铭先生为首席顾问，由业内专家芮静康同志为编审委员会主任并兼任主编，武钦韬教授、余发山院长为副主任。由余发山教授、张燕杰和田慧君任副主编。

　　本书得到中国建筑工业出版社领导和编辑，以及编审委员会许多领导、专家、教授的长期合作、大力支持和帮助，许多公司、企业和单位提供资料，在此一并表示谢意！

　　由于作者水平有限，错漏之处在所难免，请广大读者和专业同仁批评指正。

目 录

第一章 概 论

第二章 闭路电视监控系统

第一节 闭路电视监控系统的组成 ·············· 4
一、CCTV 系统的组成方式 ·············· 4
二、CCTV 系统的组成部分和作用 ·············· 6

第二节 闭路电视监控系统的设计要求 ·············· 8
一、安全防范系统的分级 ·············· 8
二、安全防范系统的设计原则 ·············· 9
三、闭路电视监控系统的设计原则 ·············· 10
四、闭路电视监控系统的设计要求 ·············· 12

第三节 摄像系统 ·············· 21
一、CCD 摄像机 ·············· 21
二、镜头 ·············· 32
三、云台 ·············· 42
四、摄像机的防护罩 ·············· 45

第四节 传输分配系统 ·············· 46
一、传输系统常用的专业术语 ·············· 46
二、视频分配器 ·············· 49
三、视频分配放大器 ·············· 50
四、传输介质 ·············· 51
五、传输线路的设计 ·············· 57

第五节 控制系统 ·············· 59
一、电动云台 ·············· 59

7

二、云台控制器 ………………………………………… 60
　　三、多功能控制器 ……………………………………… 61
第六节　图像处理和显示系统 ……………………………… 61
　　一、视频运动检测器 …………………………………… 61
　　二、视频切换器 ………………………………………… 62
　　三、画面分割器 ………………………………………… 69
　　四、监视器 ……………………………………………… 72
　　五、录像机 ……………………………………………… 79
第七节　监控中心系统集成及设计 ………………………… 84
　　一、监控中心 …………………………………………… 84
　　二、集成控制系统 ……………………………………… 91
第八节　闭路电视监控系统的施工要求和使用维护 ……… 96
　　一、闭路电视监控系统工程施工要求 ………………… 96
　　二、闭路电视监控系统的使用和维护 ………………… 102
第九节　电视监控系统设计实例 …………………………… 107
　　一、美国 VICON 电视监控系统 ……………………… 107
　　二、电话线远程图像传输系统 ………………………… 131
　　三、数字监控系统 ……………………………………… 143
第十节　中央监控系统 ……………………………………… 151
　　一、建筑设备自动化系统的基本功能 ………………… 152
　　二、暖通空调系统的监控 ……………………………… 153
　　三、变电所的计算机实时监控 ………………………… 166
　　四、照明系统监控 ……………………………………… 174

第三章　防盗报警系统

第一节　防盗报警系统的组成 ……………………………… 178
　　一、探测器 ……………………………………………… 178
　　二、传输系统 …………………………………………… 180
　　三、控制器 ……………………………………………… 181
第二节　防盗报警系统的设计要求 ………………………… 181
　　一、系统设计的一般要求 ……………………………… 181
　　二、防盗报警系统形式 ………………………………… 182

三、设备选择要求……………………………………… 183
　　四、探测器的选型与安装设计…………………………… 187
　第三节　防盗报警器（探测器）…………………………… 200
　　一、传感器………………………………………………… 201
　　二、常用的探测器………………………………………… 212
　　三、警报接收与处理主机（防盗主机）………………… 221
　　四、与视频系统的联动…………………………………… 224
　　五、防盗报警系统工程实例……………………………… 225
　第四节　防盗报警系统工程施工要求和使用……………… 233
　　一、防盗报警系统工程施工……………………………… 233
　　二、防盗报警系统的使用………………………………… 247

第四章　出入口控制系统

　第一节　出入口控制系统（门禁系统）的功能
　　　　　与结构组成………………………………………… 264
　　一、门禁系统的结构组成………………………………… 264
　　二、门禁系统的功能……………………………………… 265
　　三、门禁系统标准组成…………………………………… 266
　第二节　个人识别技术……………………………………… 266
　　一、个人识别方法………………………………………… 266
　　二、智能卡的分类及其特性……………………………… 268
　　三、磁卡、智能卡和光卡的比较………………………… 268
　第三节　门禁系统的主要设备……………………………… 269
　　一、主要设备及性能……………………………………… 269
　　二、门禁系统的控制方式………………………………… 274
　　三、门禁控制系统举例…………………………………… 275

第五章　楼宇对讲系统与电子巡更系统

　第一节　楼宇对讲系统（访客对讲系统）………………… 278
　　一、楼宇对讲系统的组成及功能………………………… 278
　　二、对讲系统举例………………………………………… 282
　第二节　电子巡更系统……………………………………… 287

9

一、电子巡更系统的功能 …………………………………… 287
二、感应式电子巡更系统 …………………………………… 288

第六章　停车场管理系统

第一节　系统组成 ……………………………………………… 290
　　一、总体设计 ………………………………………………… 290
　　二、入口部分 ………………………………………………… 290
　　三、出口部分 ………………………………………………… 291
　　四、收费管理处 ……………………………………………… 292
　　五、系统特点 ………………………………………………… 292
第二节　系统功能 ……………………………………………… 295
　　一、主要设备功能 …………………………………………… 295
　　二、系统软件功能 …………………………………………… 297
第三节　系统设计图例 ………………………………………… 298
　　一、系统设计示意图 ………………………………………… 298
　　二、系统设计举例 …………………………………………… 298

参考文献 ………………………………………………………… 306

第一章 概 论

智能建筑常有"3A"、"5A"的规定,人们常说"高低压、强弱电、十个系统"。这十个系统,如通信系统,电梯系统,空调制冷系统,广播、电视监控系统,消防系统,楼宇自控系统,管理和办公自动化系统,照明和显示系统,计算机和综合布线系统等。但是,这些提法尚不够规范。

智能建筑中广泛应用安全防范系统。"安全防范"本是公安保卫部门的专业术语,是指以维护社会公共安全为目的,防入侵、防被盗、防破坏、防火、防爆和安全检查等措施,以达到保护人身安全和财产安全。若是为了达到防入侵、防盗、防破坏等目的,采用电子技术、传感器技术和计算机技术等为基础的安全防范技术的器材、设备,并将其构成一个系统,因此,安全防范技术正发展成一项专门的公安技术学科。一旦出现了入侵、盗窃等犯罪活动,安全防范系统将及时发现、及时报警,闭路电视监控系统能自动记录下犯罪和事故现场。多功能、多媒体的安防监控系统,对保障人身和设备的安全起到了重要的作用。

将防火、防入侵、防盗、防破坏、防爆和通信、广播等联络成一个集成系统,是智能建筑的发展方向。

安全防范系统的主要子系统有:入侵报警系统,电视监控系统,出入口控制系统,巡更系统,汽车库(场)管理系统,其他子系统。从广义角度讲,还包括火灾自动报警系统(俗称消防系统)。

监控系统包括监测和控制两大部分,是智能建筑中的重要组成部分,目前许多建筑中尚以监测、监视为主,控制功能的发挥，尚有待许多传统的设备，由机电式改进成电子式。目前的监控系统是应用计算机技术而发展起来的。监控系统包含很广泛的内容。

中央监控系统是一个广义的概念，它是中央计算机监控系统，是对智能建筑内种类繁多、技术性能各异的机电设备等实现监视控制、测量、记录。该系统利用集计算机技术、现代控制技术、现代通信技术于一体的中央控制系统，将楼宇自动控制系统、广播系统、监视系统、报警系统、消防系统和通信系统进行集成。集中监控空调、供热、给排水、供配电、照明、电梯、消防、卫星电视、闭路电视监控、防盗报警、出入口控制、巡更管理，甚至还集中通信、物业管理、计费系统、办公自动化系统等，多方位实现监视和控制。

中央监控系统具备下列功能：监控功能、显示功能、操作功能、控制功能、数据管理辅助功能、安全保障管理功能、记录功能、自诊断功能、内部互通电话功能、与其他系统之间的通信功能等。

中央监控系统所包括的内容，见图1-1。

中央监控系统设置的装置有：中央处理装置、彩色显示器（监视器）、键盘、鼠标器、打印机、录像机、调制解调器、空调机用控制装置、内部通信电话、不间断电源、互联网络、控制总线、接口、自动火灾报警装置、门禁监视设备、广播设备、画面处理器、控制码分配器、音频切换器，以及相关的交、直流供电和照明系统等。由于建筑的规模不同，智能化的程度不同，在设置上有增有减，随着智能建筑、智能技术的发展，科学的进步，高科技项目的商品化的程度增加，中央监控系统会不断完善和改进。

在本书中重点介绍闭路电视监控系统、建筑设备的监控、入侵报警系统、出入口控制系统、巡更系统、汽车库（场）管理系统等。

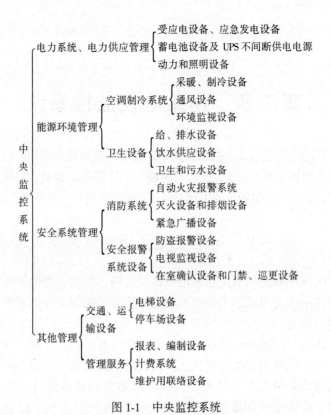

图1-1 中央监控系统

第二章 闭路电视监控系统

闭路电视监控系统是电视技术在安全防范领域的应用,目前已广泛应用到金融、交通、商场、医院、工厂等各个领域,是现代化管理、监测、控制的重要手段。也是智能建筑的一个重要组成部分。

第一节 闭路电视监控系统的组成

闭路电视监控系统通常由摄像、传输、控制、图像处理和显示等四个部分组成。闭路电视监控系统通过摄像部分把系统所监视目标的光、声信号变成电信号,然后送入系统的传输分配部分。传输分配部分将摄像机输出的视频(有时包括音频)信号馈送到中心机房或其他监视点。系统通过控制部分可在中心机房通过有关设备对系统的摄像和传输分配部分的设备进行远距离遥控。系统传输的图像信号可依靠相关设备进行切换、记录、重放、加工和复制等图像处理功能。摄像机拍摄的图像则由彩色(或黑白)监视器重现出来。其系统的组成,见图2-1。

图2-1 闭路电视监控系统的组成

闭路电视监控系统,简称CCTV系统。

一、CCTV系统的组成方式

CCTV系统组成方式有四种,即单头单尾方式、单头多尾方式、多头单尾方式和多头多尾方式。对于摄像机又有固定云台和电动云台两类。

各种组成方式的图例和应用场合说明如下：

1. 单头单尾方式

一般用于一处连续监视一个目标或一个区域的场合，其示意图，见图2-2。

2. 单头多尾方式

一般用于多处监视同一个固定目标或区域的场合，其示意图，见图2-3。

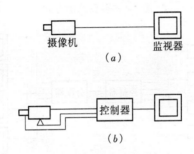

图2-2 单头单尾方式

(a) 固定云台；(b) 电动云台

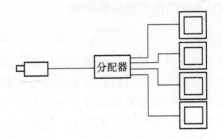

图2-3 单头多尾方式

3. 多头单尾方式

一般用于一处集中监视多个目标或区域的场合，其示意图，见图2-4。

4. 多头多尾方式

一般用于多处监视多个目标或区域的场合，其示意图，见图2-5。

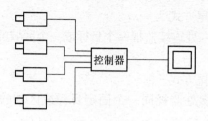

图 2-4　多头单尾方式

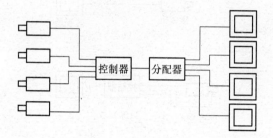

图 2-5　多头多尾方式

二、CCTV 系统的组成部分和作用

（一）摄像部分

摄像部分由摄像机、镜头、摄像机防护罩等设备构成。核心设备是摄像机，它是光电信号转换的主体设备。而摄像机在使用时必须根据现场的实际情况来选择合适的镜头配合，才能将被摄目标成像在摄像机的图像传感器靶面上。摄像机防护罩可以对摄像机、镜头、控制电路及附件在恶劣的环境下实行长期的有效保护，大大延长维护间隔的时间。

（二）传输分配部分

传输分配部分由视频分配器、视频放大器及传输介质组成。

1. 视频分配器

可将一路视频信号分配为多路视频信号，供多台监视器或录像机等后续视频设备同时使用。

2．视频放大器

视频信号在长距离传输时会造成一定的信号衰减，使用视频放大器可对视频信号的衰减进行补偿，以保证长距离传输的图像质量不受影响。

3．传输介质

在闭路电视监控系统中，视频信号的传递要靠传输介质来完成。传输介质主要有同轴电缆、光缆、双绞线等几种，在一些不适合敷设电缆的场合，还可以使用无线传输设备。即按传输媒质分有有线传输和无线传输两种，按传送信号形式又分模拟信号和数字信号两类。

（三）控制部分

控制部分的作用是通过有关设备对系统的摄像和传输分配部分的设备进行远距离控制。主要设备有电动云台、云台控制器、多功能控制器等。

1．电动云台

云台是用于固定摄像机的设备，电动云台则能在云台控制器的控制下在一定范围内作水平的或全方位的旋转。以使摄像机能在大范围内对现场进行监视。

2．云台控制器

它与电动云台配合使用。其作用是输出控制电压至云台，驱动云台内电动机转动，从而完成旋转动作。

3．多功能控制器

多功能控制器主要完成对电动云台、变焦距镜头、防护罩的雨刷及射灯等受控设备的控制。一般装在中心机房、调度室或某些监视点上。一台多功能控制器按其型号的不同，控制摄像机的数量也不等。

（四）图像处理和显示部分

图像处理和显示部分的主要设备有视频切换器、画面分割器、录像机及监视器等。

1. 视频切换器

视频切换器是闭路电视监控系统的常用设备，其功能是从多路视频输入信号中选出一路或几路送往监视器或录像机进行显示或录像。

2. 画面分割器

在闭路电视监控系统中，画面分割器可对多个摄像机送来的视频信号进行组合，重新形成一路视频信号送往监视器，使得在一个监视器屏幕上可同时显示多个小的画面，其中每一个小画面对应着一路摄像机的输入。也可用录像机对画面分割器输出的视频信号进行录像，放像时可全屏显示、单独调出显示或按摄像机的顺序显示。

3. 监视器

监视器用于显示摄像机传来的图像信息，在闭路电视监控系统中占有相当重要的地位。

4. 录像机

录像机在闭路电视监控系统中的作用是对监视现场的部分或全部画面进行实时录像，以便为事后查证提供证据。

第二节 闭路电视监控系统的设计要求

一、安全防范系统的分级

（1）风险等级（level of risk），是指存在于人和财产（被保护对象）周围的、对他（它）们构成严重威胁的程度。

（2）防护级别（level of protection），是指对人和财产安全所采取的防范措施（技术的和组织的）的水平。

（3）安全防护水平（level of security），是指风险等级被防护级别所覆盖的程度。

（4）纵深防护，是根据被保护对象所处的风险等级和所确定的防护级别，对整个防范区域实施分区域的分层次设防。一个完整的防区应包括周界、监视区、防护区和禁区四种不同性质的防区，对它们应实施不同的防护措施。

二、安全防范系统的设计原则

安全防范系统的设计应根据建筑物的使用功能、建设标准及安全防范管理的需要，综合运用电子信息技术、计算机网络技术和安全防范技术等，构成先进、可靠、经济、配套的安全技术防范体系。

安全防范系统的系统设计及其各子系统的配置须遵照国家相关安全防范技术规程并符合先进、可靠、合理、适用的原则。系统的集成应以结构化、模块化、规范化的方式来实现，应能适应工程建设发展和技术发展的需要。

安全防范系统的设计应根据被保护对象的风险等级，确定相应的防护级别，满足整体纵深防护和局部纵深防护的设计要求，以达到所要求的安全防范水平。安全防范系统的结构模式有：集成式安全防范系统、综合式安全防范系统和组合式安全防范系统。这些模式构成的安全防范系统，均应设置紧急报警装置，并留有与外部公安110报警中心联网的通信接口。

1. 甲级标准的要求

对于集成式安全防范系统，应符合下列条件：

（1）应设置安全防范系统中央监控室。应能通过统一的通信平台和管理软件将中央监控设备与各子系统设备联网，实现由中央控制室对全系统进行信息集成的自动化管理。

（2）应能对各子系统的运行状态进行监测和控制，应能对系统运行状况和报警信息数据等进行记录和显示，应设置必要的数据库。

（3）应建立以有线传输为主，无线传输为辅的信息传输系统。中央监控室应能对信息传输系统进行检测，并能与所有重要部位进行无线通信联络，应设置紧急报警装置。

(4) 应留有多个数据输入、输出接口，应能连接各安全防范子系统管理计算机，应留有向外部公安报警中心联网的通信接口，应能连接上位管理计算机，以实现更大规模的系统集成。

2. 乙级标准的要求

对于综合式安全防范系统，应符合下列条件：

(1) 应设置安全防范系统中央监控室。应能通过统一的通信平台和管理软件将中央监控室设备与各子系统设备联网，实现由中央控制室对全系统进行信息集成的集中管理和控制。

(2) 应能对各子系统的运行状态进行监测和控制，应能对系统运行状况和报警信息数据等进行记录和显示。

(3) 应建立以有线传输为主、无线传输为辅的信息传输系统。中央监控室应能对信息传输系统进行检测，并能与所有重要部位进行无线通信联络。系统应设置紧急报警装置。

(4) 应留有多个数据输入、输出接口，应能连接各安全技术防范子系统管理计算机。系统应留有向外部公安报警中心联网的通信接口。

3. 丙级标准的要求

对于组合式安全防范系统，应符合下列条件：

(1) 应设置安全技术防范管理中心（值班室），各子系统分别单独设置，统一管理。

(2) 各子系统应能单独对运行状况进行监测和控制，并能提供可靠的监测数据和报警信息。

(3) 各子系统应能对系统运行状况和重要报警信息进行记录，并能向管理中心提供决策所需的主要信息。

(4) 应设置紧急报警装置，应留有向外部公安报警中心报警的通信接口。

三、闭路电视监控系统的设计原则

电视监控系统应能根据建筑物安全技术防范管理的需要，对必须进行监控的场所、部位、通道等进行实时、有效地视频探测、视频监视、视频传输、显示和记录，并应具有报警和图像复核功能。

1. 甲级标准的要求

甲级标准的电视监控系统，应符合下列条件：

（1）应根据各类建筑物安全技术防范管理的需要，对建筑物内的主要公共活动场所、通道、电梯及重要部位和场所等进行视频探测的画面再现、图像的有效监视和记录；对重要部门和设施的特殊部位，应能进行长时间录像；应设置视频报警装置。

（2）系统的画面显示应能任意编程，能自动或手动切换，在画面上应有摄像机的编号、部位、地址和时间、日期显示。

（3）应自成网络，可独立运行。应能与入侵报警系统、出入口控制系统联动。当报警发生时，能自动对报警现场的图像和声音进行复核，能将现场图像自动切换到指定的监视器上显示并自动录像。

（4）应能与安全技术防范系统的中央监控室联网，实现中央监控室对电视监控系统的集中管理和集中监控。

2. 乙级标准的要求

乙级标准的电视监控系统，应符合下列条件：

（1）应根据各类建筑物安全技术防范管理的需要，对建筑物内的主要公共活动场所、重要部位等进行视频探测的画面再现、图像的有效监视和记录；对重要部门和设施的特殊部位，应能进行长时间录像；系统应设置视频报警或其他报警装置。

（2）系统的画面显示应能任意编程，能自动或手动切换，在画面上应有摄像机的编号、地址、时间和日期显示。

（3）应自成网络、独立运行。应能与入侵报警系统、出入口控制系统联动。当报警发生时，能自动对报警现场的图像和声音进行复核，能将现场图像自动切换到指定的监视器上显示并自动录像。

（4）应能与安全技术防范系统的中央监控室联网，满足中央监控室对电视监控系统的集中管理和控制的有关要求。

3．丙级标准的要求

丙级标准的电视监控系统，应符合下列条件：

(1) 应根据各类建筑物安全技术防范管理的需要，对建筑物内的主要公共活动场所、重要部位等进行视频探测的画面再现、图像的有效监视和记录；对重要或要害部门和设施的特殊部位，应能进行长时间录像；系统应设置报警装置。

(2) 系统的画面显示应能任意编程，能自动或手动切换，在画面上应有摄像机的编号、地址、时间和日期显示。

(3) 应能与入侵报警系统联动。当报警发生时，能自动对报警现场的图像和声音进行核实，能将现场图像自动切换到指定的监视器上显示并记录报警前后数幅图像。

(4) 应能向管理中心提供决策所需的主要信息。

四、闭路电视监控系统的设计要求

(一) 系统设计的一般要求

电视监控系统一般应由摄像、传输、显示及控制四个主要部分组成，应具有对图像信号采集、显示、分配、切换控制、记录和重放的基本功能，系统的制式宜与通用的电视制式相一致。

系统的设备、部件、材料的选择应符合下列要求：

(1) 应采用符合现行的国家和行业有关技术标准的定型产品，进口产品应有商检合格证书。

(2) 系统的所有设备和部件的视频输入和输出阻抗以及电缆的特性阻抗均应为 75Ω，如有监听装置，音频设备的输入和输出阻抗应为高阻抗或 600Ω。

(3) 系统中各种配套设备的性能及技术要求应协调一致。

电视监控系统宜采用黑白电视系统，在对监视目标有彩色要求时，可采用彩色电视系统。在监视目标的同时，需要监听现场音响的电视系统应配置伴音系统。在监视区域内，灯光照度应符合摄像系统的要求。

整个监控系统的技术指标应满足下列要求：

在摄像机的标准照度情况下：

视频信号输出幅度 = $(1±0.3)$V（峰-峰）；

黑白电视水平清晰度≥350TVL（电视线）；

彩色电视水平清晰度≥270TVL；

灰度≥8级；

信噪比≥38dB。

在摄像系统正常工作的条件下，监控系统的图像质量不应低于下述中的4级要求：

图像等级	图像损伤主观评价
5	不察觉
4	可察觉，但不令人讨厌
3	有明显察觉，令人感到讨厌
2	较严重，令人相当讨厌
1	极严重，不能观看

（二）前端设备的选型与安装设计要求

1. 摄像机

应优先选用CCD摄像机。所选摄像机的技术性能应满足下列要求：

（1）能满足系统最终指标要求；

（2）电源变化适应范围≥±10%（必要时可加稳压装置）；

（3）温度、湿度适应范围满足现场气候条件的变化（必要时采用能制作人工小气候的防护罩）。

监视目标照度不高，而要求清晰度较高时，应选用黑白摄像机；监视目标照度不高，且需彩色摄像时，需附加照明装置；监视目标亮度变化范围大或必须逆光摄像时，应选用具有电动电子快门和数字背景光处理摄像机；夜间需隐蔽监视时，应选用带红外光源的摄像机（或安装照明灯作光源）。摄像机应由稳定牢固的支架（或电动云台）固定在建筑物上。摄像镜头应尽量避免逆光设置，必须逆光设置的场合，除摄像机的技术性能加以要求外，还应设法尽量减小监视区域的照度。室内、外安装的摄像机均应加装防护罩。

2．镜头

（1）镜头尺寸应与摄像机靶面尺寸相一致。镜头焦距应根据视场大小和监视目标到镜头的距离而定，焦距计算可按下式进行。

$$f = A \cdot L/h$$

式中　f——镜头的焦距（mm）；

　　　h——被摄物体的高度（mm）；

　　　L——被摄物体到镜头的距离（mm）；

　　　A——靶面成像的高度（mm）。

（2）监视对象为固定目标时，可选用定焦镜头。监视目标视距较大时，可选用望远镜头。监视目标视距较小而视角较大时，可选用广角镜头。需要改变监视目标的观察视角和视角范围较大的情况，应选用变焦镜头。

（3）监视目标照度变化范围高低相差达到100倍以上，或昼夜使用的摄像机，应选用光圈可调（自动或电动）镜头。需要遥控监视的情况，应选用可电动聚焦、变焦距、变光圈的遥控镜头。摄像机需要隐蔽安装时，可隐蔽在天花板内或墙壁内，镜头可采用小孔镜头或棱镜镜头。隐蔽程度要求不很高时，可采用一体化摄像机。

3．云台

所选用云台的技术条件应符合标准规定。监视对象为固定目标时，摄像机应配置手动云台（即支架）；需要监视变化场景的情况，摄像机应配置电动遥控云台，并注意以下方面：

（1）电动云台的环境适应性有室内、室外之分，应按实际使用环境条件选用。

（2）所选云台的负荷能力应至少大于实际负荷重量的1.2倍。

（3）云台转动停止时应具有良好的自锁性能，水平和垂直转角回差应≤1度。

（4）室内型电动云台在承受最大负载时，噪声应≤50dB。

（5）云台电缆接口，最好位于云台固定不动的位置，且在固定部位与转动部位之间（即与摄像机之间）的控制输入线和视频输出线应采用软螺旋线。

室内云台安装高度以 2.5～5m 为宜，室外云台安装高度以 3.5～10m 为宜。

4．防护罩

防护罩尺寸规格应与摄像机相配套。室内防护罩主要用于防尘、防潮湿等，有的还起隐蔽作用，外形应美观大方，且易于安装。室外防护罩一般应具有全天候防护功能（可防高温、低温、风沙、雨雪、凝霜等），应采用双重壳体密封结构，内设自动调节温度、自动除霜装置，所具功能可依实际使用环境的气候条件加以取舍。根据特殊需要，还应相应选用防爆、防冲击、防腐蚀、防辐射等特殊功能的防护罩。

（三）传输方式的选择与线路设计要求

1．传输方式的选择

选择传输方式的主要依据是：传输距离、地理条件和摄像机的数量及分布情况。在近距离范围内，应采用视频同轴电缆传输方式。对于中、大型系统的主干线，多采用光缆传输，也可选用射频电缆。在传输距离远，不便铺设线缆（电、光缆）的区域，可考虑其他传输方式传输。

2．线缆选型

同轴电缆应根据图像信号采用基带传输还是射频传输，确定选用视频电缆还是射频电缆。所选用电缆的防护层应适合电缆敷设方式及使用环境（如环境气候、存在有害物质、干扰源等）。室外线路，应选用外导体内径为 9mm 的同轴电缆，采用聚乙烯外套。室内距离不超过 500m 时，应选用外导体内径为 7mm 的同轴电缆，且采用防火的聚氯乙烯外套。终端机房设备间的连接线，距离较短时，应选用的外导体内径为 3mm 或 5mm，且具有密编铜网外导体的同轴电缆。

光缆的传输模式,可依传输距离而定。长距离时应采用单模光缆,距离较短时应采用多模光缆。光缆芯线数目应根据监视点的个数、监视点的分布情况来确定,并注意留有一定的余量。光缆的结构及允许的最小弯曲半径、最大抗拉力等机械参数,应满足施工条件的要求。光缆的最小弯曲半径应不小于其外径的20倍。光缆的保护层,应适合光缆的敷设方式及使用环境。

传输线缆在满足衰减、弯曲、屏蔽、防潮等性能要求的前提下,应选用线径较细,容易施工的线缆。

3. 室内布线设计

室内线路敷设应符合建筑电气设计技术规程的有关规定。在新建或有内装修要求的已建建筑物内,应采用暗管敷设方式,对无内装修要求的已建建筑物内可采用线卡明敷方式。室内明敷电缆线路应采用配管、配槽敷设方式。明敷线路布设应尽量与室内装饰协调一致。电缆线路不得与电力线同线槽、同出线盒、同连接箱安装。明敷电缆与明敷电力线的间距不应小于0.3m。布线使用的非金属管材、线槽及附件应采用不燃或阻燃性材料制成。电缆竖井应与强电电缆的竖井分别设置,如受条件限制必须合用时,报警系统线路和强电线路应分别布置在竖井两侧。

4. 室外布线设计

(1) 电缆在室外敷设应符合工业企业通信设计规范中的要求及国家现行的有关规定和规范。室外线路敷设方式应按以下原则确定:

1) 有可利用的管道时,可考虑采用管道敷设方式;

2) 监视点的位置和数量比较稳定时,可采用直埋电缆敷设方式;

3) 有建筑物可利用时,可考虑采用墙壁固定敷设方式;

4) 有可供利用的架空线杆时,可采用架空敷设方式。

(2) 电缆、光缆线路路径设计,应使线路短直、安全、美观,信号传输稳定、可靠,线路便于检修、检测,并应使线路避开易受损地段，减少与其他管线等障碍物的交叉跨越。电缆线路应穿金属管或塑料管加以防护。电缆架空敷设时，同共杆架设的电力线（1kV 以下）的间距不应小于 1.5m，同广播线的间距不应小于 1m，同通信线的间距不应小于 0.6m。

（3）电缆敷设技术处理：

1）在电磁干扰较强的地段（如电台天线附近），电缆应穿金属管，并尽可能埋入地下，或采用光缆传输方式。

2）交流供电电缆应与视频电缆、控制信号线单独分管敷设。

3）地埋式引出地面的出线口，应尽量选在隐蔽地点，并应在出口处设置从地面计算高度不低于 3m 的出线防护钢管，且周围 5m 内不应有易攀登的物体。

4）电缆线路由建筑物引出时，应尽量避开避雷针引下线，不能避开处两者平行距离不应小于 1.5m，交叉间距不应小于 1m，并应尽量防止长距离开行走线，在不能满足上述要求处，可在间距过近处对电缆加缠铜皮屏蔽，屏蔽层要有良好的就近接地装置。

（4）在中心控制室电缆汇集处，应对每根入室电缆在接线架上加装避雷装置。在黑白电视基带信号 5MHz 时的不平坦度 $\geqslant$3dB 处和彩色电视基带信号 5.5MHz 时的不平坦度 $\geqslant$3dB 处，应加电缆均衡器。黑白电视基带信号在 5MHz 时的不平坦度 $\geqslant$6dB 处，以及彩色电视基带信号在 5.5MHz 时的不平坦度 $\geqslant$60dB 处，应加电缆均衡放大器。

（5）摄像机在传输干线的某一处相对集中时，应采用混合器来收集信号。摄像机分散在传输干线的沿途时，应选用定向耦合器来收集信号。控制信号传输距离较远，到达终端已不能满足接收电平要求时，应考虑中途加装再生中继器。

5. 无线传输系统设计

传输频率必须经过国家无线电管理委员会批准。发射功率应适当，以免干扰广播和民用电视。无线图像传输应采用调频制。无线图像传输方式主要有高频开路传输方式和微波传输方式。监控距离在 10km 范围内时，可采用高频开路传输方式；监控距离较远且监视点在某一区域较集中时，应采用微波传输方式，其传输距离最远可达几十公里。需要传输距离更远或中间有阻挡物的情况时，可考虑加微波中继。

（四）控制中心设备的选配与控制室的布局设计

1. 控制中心设备的选配

（1）监视器的配置数量，由摄像机配置的数量决定，一般采用 4:1 方式（即若有 16 个摄像点，则应选配 4 台监视器），录像专用监视器可另行设置。

（2）监视器的清晰度应根据所用摄像机的分解力指标，选用高一档清晰度的监视器，一般应高出 100TVL；应满足系统最终指标的要求。彩色摄像机应配用彩色监视器，黑白摄像机配用黑白监视器。监视器的屏幕尺寸，应根据监视者与监视器屏幕之间的距离而定，一般监视者与屏幕间的距离为屏幕对角线的 4~6 倍。

（3）控制台由视频切换控制器、遥控器、时间日期地址信号发生器、附加传输部件等部分组成。

1）视频切换控制器的切换比，应根据系统所需视频输入输出最低接口路数，并考虑留有适当余量来选定。其中视频输入接口的最低路数由摄像机配置的数量决定；视频输出接口的最低路数由监视器、录像机等显示与记录设备的配置数量及视频信号外送路数决定。

2）视频切换控制器应能手动或自动编程，对摄像机、电动云台的各种动作（如转向、变焦、聚焦、光圈等动作）进行遥控。应能手动或自动编程，对所有的视频信号在指定的监视器上进行固定或时序显示。应具有存储功能，当市电中断或关机时，对所有编程设置、摄像机号、时间、地址等均可记忆。应具有与报警控制器联动的接口，报警发生时能切换出相应部位摄像机的图像，予以显示与记录。视频信号远距离传输时，应采用远地视频切换方式。

3) 遥控器的控制功能,应根据摄像机所用镜头的类型及云台的选用与否来确定。控制方式常用的有直接控制和总线控制两种,选择原则:对于监控点距离较近、较少,且为固定监视时,一般可采用直接控制方式;对于监控点距离较远又相对较多,且多采用变焦镜头和云台的情况,一般应选用总线控制方式。时间、日期、地址信号发生器应能产生并能在视频图像上叠加摄像机号、地址、时间等字符,并可修改。

(4)视频同轴电缆传输方式,当传输距离较远时,应加装电缆均衡器。采用射频同轴电缆传输方式时,应配置射频调制解调器。采用光纤传输方式时,应配置光解调器。采用电话线传输方式时,应配置线路接收装置。

(5)监控系统的运行控制和功能操作应在控制台面板上进行,操作部分应简单方便,灵活可靠。在控制台上应能控制摄像机、监视器及其他设备供电电源的通断。控制台的配置应留有扩充余地。

(6)监视点设置:

1)防范要求高的特殊监视点可采用普通录像机直接录像方式(即录像机与摄像机进行一对一录像);

2)普通监视点,当图像实时性要求不很高时,可采用长时间录像机一对一录像(延时时间越长,实时性越差);

3)当图像实时性要求不很高且监视控制点较多时,可采用一路对多路切换录像控制方式,切换控制方式有时序切换、帧切换和智能切换等。但参与录像的路数越多,实时性就越差;

4)对于普通监视点,当图像质量要求不很高且监视点数目较多时,可采用多画面分割录像方式,对多路视频信号同时记录,但画面分割越多,通常图像质量就越差。录像控制应与报警系统联动。

(7)采用画面分割器时,可在一台监视器或录像机上同时显示或录制、重放一路或多路图像。当资金或控制室空间受限制,且防范要求又不很高而监视点较多时选用。

2. 控制室的布局设计

(1) 控制室的设备布置应符合工业电视系统工程设计规范和建筑电气设计技术规范的相关规定。控制室一般分为二个区，即终端显示区及操作区。操作区与显示区的距离以监视者与屏幕之间的距离为屏幕对角线 4~6 倍设置为宜。

(2) 控制台的设置应便于操作和维修，正面与墙的净距离不应小于 1.2m，两侧面与墙或其他设备的净距离在主通道不应小于 1.5m，在次要通道不应小于 0.8m。控制台的操作面板（基本的组成：操作键盘九寸监视器），应置于操作员既方便操作又便于观察的位置。

对于较小的控制室，应用吊架把监视器吊于顶棚上；大、中型控制室的监视器应用监视器架摆放，一般呈内扇形或一字形、监视器架的背面和侧面的距离不应小于 0.8m。固定于机柜内的监视器应留有通风散热孔。监视器的安装位置应使屏幕不受外界强光直射，当有不可避免的强光入射时，应加遮光罩遮挡。与室内照明设计合理配合，以减少在屏幕上因灯光反射引起对操作人员的眩目。监视器的外部调节旋钮应暴露在方便操作的位置，并加防护盖。

(3) 控制室的照明，其平均照度应 ≥ 200lx。照度均匀度（即最低照度与平均照度之比）应 ≥ 0.7。控制室内的电缆、控制线的敷设应采用地槽，槽高、槽宽应满足敷设电缆的需要和电缆弯曲半径的要求。控制室内的活动地板应防静电，架空高度应 ≥ 0.25m，根据机柜、控制台等设备的相应位置，留进线槽和进线孔；对不宜设置地槽的控制室，可采用电缆槽或电缆架架空敷设。

(五) 系统照明

黑白电视系统，监视目标的最低照度应 ≥ 10lx。彩色电视系统，监视目标的最低照度应 ≥ 50lx。

监视目标处于雾气环境时，对于黑白电视系统应采用高压水银灯作配光，彩色电视系统应采用碘钨灯作配光。具有电动云台的监视系统，照明灯应设置在摄像机防护罩上或设置在与云台同方向转动的其他装置上。

第三节 摄像系统

摄像系统（即摄像部分）是闭路电视监控系统的前端，它的功能和质量直接影响监控系统的运行和功能的发挥。该系统有摄像机（CCD）、镜头、云台、摄像机防护罩等几部分的硬件设备。

一、CCD摄像机

摄像机主要由镜头、CCD图像传感器、视频信号处理电路、同步信号发生器、控制电路和录像器等部分组成。

镜头将景物成像在CCD光电转换面上，再由CCD变成电信号。该电信号在视频信号处理电路中进行放大、校正、编码，并加入各种同步信号，得到亮度信号和色度信号（对彩色系统）。

CCD传感器光电荷耦合半导体器件，具有光电转换、电荷存储和电荷转移的特性，可以把景物光照的强弱变化变成电流大小的变化，从而实现光电转换，常把CCD做成几十万个单元，并一行一行地排列起来，构成了像素点阵列。外界景物就成像在这个像素点阵列面上，当把一行一行像素所存储的电荷转移出来后，就得到景物的电视信号——视频信号。单片摄像机除要完成摄取彩色三基色图像信号（对彩色系统）外，还需要在CCD感光面上使用光学滤色器，对色光进行相应的彩色编码，以便用一片CCD摄像器件产生出三种基色信号。

摄像器件（CCD）输出的信号是很微弱的，不仅需要放大到足够的电平，而且还要进行一些补偿和校正，使之符合电视传输的要求。因此，视频处理系统应包括：预放器（前置放大器）、电缆校正、黑斑校正、彩色校正、γ校正、轮廓校正和黑白电平切割等。为使摄像器件与接收的显像管能同步地工作（特别是无线传输系统），而把所传送的彩色全电视信号还原成三基色信号，就必须产生一系列的同步信号来完成这项工作,而同步信号的产生由同步信号发生器完成。

图像信号的数字化是方向,将图像数字化,经编码后,将压缩后的数据记录下来,然后经过解码还原重显原来的图像。

1. 摄像机分类

(1) 按成像色彩分:彩色摄像机和黑白摄像机。

(2) 按分辨率分:以影像像素38万为界,影像像素在38万点以上的为高分辨率型,以下的为一般型,其中以25万像素(510×492)、分辨率为400线的产品用得最普遍。

(3) 按扫描制式分:PAL制、NTSC制等。

(4) 按CCD靶面大小($a\times b$)分:1英寸、$\frac{2}{3}$英寸、$\frac{1}{2}$英寸、$\frac{1}{3}$英寸、$\frac{1}{4}$英寸等,见表2-1。

CCD摄像机靶面像场的 a、b 值 表2-1

摄像机管径 像场尺寸	1英寸 (25.4mm)	$\frac{2}{3}$英寸 (17mm)	$\frac{1}{2}$英寸 (13mm)	$\frac{1}{3}$英寸 (8.5mm)	$\frac{1}{4}$英寸 (6.5mm)
像场高度 a(高)	9.6mm	6.6mm	4.6mm	3.6mm	2.4mm
像场宽度 b(宽)	12.8mm	8.8mm	6.4mm	4.8mm	3.2mm

(5) 按摄像器件的类型分:有电真空摄像器件和固体摄像器件两大类。电真空摄像管的靶面材料,常有硫化锑管(VIDICON)、氧化铅管(PLUMBICON)和硒砷锑管三种。而固体摄像器件(如MOS器件、CCD器件)是一类新型摄像器件,随着其技术的不断完善和价格的降低,必将取代电真空摄像器件。

(6) 按摄像管的数目分:有单管机、双管机和三管机等种类。CCTV系统所用摄像机以单管机为主。

2. 摄像管型黑白摄像机

摄像管型黑白摄像机,由镜头、视像管、视频预放、视频处理、扫描与高压电路、同步机、电源等几部分组成,见图2-6。

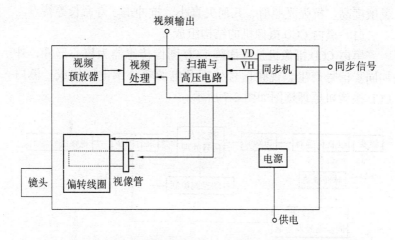

图 2-6 摄像管型黑白摄像机的组成

摄像机的工作过程如下：

镜头把被摄物体的光学图像投射到视像管靶面上。由同步机产生的各种同步脉冲，驱动扫描电路产生行场扫描的电压、电流，分别加到行、场偏转线圈上。在视像管各电极的高压都正常的情况下，使电子束按一定的规律在靶上扫描，拾取出视频信号。拾取出来的视频信号首先由预防器进行放大，再进入视频通道进行黑电平调整、钳位、白切割、同步混入、γ校正等各种处理，形成全电视信号输出。

摄像管型彩色摄像机主要有三管和单管两大类，它们都是把景物入射来的各种色光经过光学镜头、滤色片和分色棱镜，分解为红（R）、绿（G）、蓝（B）三基色光，分别成像在相应的摄像管靶面上，然后转换成为红（R）、绿（G）、蓝（B）三个电信号，经放大、处理、编码组成彩色全电视信号，进行输出。

3. 黑色 CCD 摄像机

在黑白 CCD 摄像机中，CCD 图像传感器是核心部件。CCD 称为电荷耦合器件，是由一行行紧密排列在硅衬底上的 MOS 电容器构成的。和摄像管型摄像机相比，CCD 摄像机具有惰性小、灵敏度高、抗强光照射、几何失真小、抗冲击、寿命长等特点。

(1) 黑白 CCD 摄像机的结构组成

黑白 CCD 摄像机是以面阵 CCD 图像传感器为核心部件，外加同步信号产生、视频信号处理及电源等外围电路构成。黑白 CCD 摄像机原理框图如图 2-7 所示。

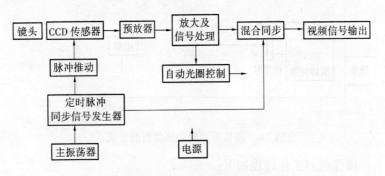

图 2-7 黑白 CCD 摄像机原理框图

外界景物经镜头成像到 CCD 光敏区靶面上。由于靶面上的每一个单元（像素）都是光敏单元，这些光敏单元在不同的照度下输出不同强度的弱电流。用 15625Hz/50Hz 的行频和场频对其扫描，即可拾取出随时间和靶面的照度的变化而变化的电信号。电信号经预视放电路进行放大，再经过一系列的信号处理（钳位、切割、压缩、补偿、校正、复合消隐）及信号的放大，输出标准的视频信号。

同步电路的作用是产生 15625Hz/50Hz 扫描系统所需的时钟脉冲、内同步信号、信号处理脉冲、变速电子快门、时间脉冲及复合同步信号，分别用于驱动行频和场频电路。

(2) 黑白 CCD 摄像机的主要参数

1) 像素数：像素数指的是摄像机 CCD 传感器的最大像素数。对于一定尺寸的 CCD 芯片，像素数越多则由该芯片构成的摄像机的分辨率也越高。

2) 分辨率：通常给出的是水平扫描线数，规范要求彩色摄像机分辨率应在 300 线以上,黑白摄像机在 350 线以上,分辨率还可用像素表示,38 万像素以上的为高清晰摄像机,25 万像素的使用较为普遍。

3) 最低照度(灵敏度):最低照度是指摄像机成像时所需要的最暗光线,一般情况下常用的彩色摄像机的最低照度要高于黑白摄像机的最低照度。照度的单位是"勒克斯"。随着技术的发展,摄像机所需要的最低照度在不断降低,如 WAT-902H 570 线黑白摄像机最低照度为 0.0003lx/F1.4(在 F1.4 光圈下,为 0.0003lx 下同);WAT-100N 彩色摄像机最低照度为 0.001lx/F1.4;而 DIS-888C 480 线彩色摄像机更达到 0.0001lx/F1.2。

下面给出摄像机的参考值:

普通型　正常工作所需照度 1~3lx

月光型　正常工作所需照度 0.1lx

星光型　正常工作所需照度 0.01lx 以下

4) 信噪比:信噪比是摄像机的图像信号与它的噪声信号之比,用分贝(dB)表示。摄像机信噪比一般不应小于 46dB,越高越好,若能达到 60dB,则图像质量优良,基本没有噪声。

5) 视频输出幅度:一般用信号的峰峰值表示,摄像机的输出一般为 1Vp-p,传输采用 75-5 或 75-7 同轴电缆,BNC 接头。

6) 摄像机的电源:交流有 220V、110V、24V,直流为 12V,某些摄像机可自动识别直流 12V 或交流 24V,但应注意接入端子。

(3) 摄像机的其他调整参数

1) AGC ON/OFF　自动增益控制:摄像机在微光和光亮条件下的信号放大量是不同的,所以使用自动增益控制电路,适时的开关 AGC,扩大了摄像机成像的光照范围。

2) ATW ON/OFF　自动白平衡:在 ON 状态时,白平衡设置随景物色温连续调整,范围在 2800~6000K,这种方式使随时间变化的景物色彩鲜明亮丽。

3) ALC/ELC　自动亮度控制/电子亮度控制:选择 ELC 时,

电子快门根据光线亮度自动改变 CCD 图像传感器的曝光时间，从 1/50s 到 1/10000s。这种方式可以用固定或手动光圈镜头。当景深或图像质量不能满足要求时要选用 ALC 方式并选用自动光圈镜头。

4）BLC ON/OFF 背景光补偿：当逆光拍摄时，处于图像中部的重要信息往往一片模糊，使用背光补偿可使中间图像变得清晰。

5）VIDEO/DC 镜头控制信号选择：自动光圈镜头控制信号有两种，视频控制和 DC 控制。安装镜头时明确控制方式，视频控制使用接口中的三个针：电源正，视频，接地；DC 控制使用接口中四个针：阻尼负，阻尼正，驱动正，驱动负；不同的厂家焊接的针孔不同，一定要认真读说明书。

6）SOFT/SHARP 细节电平选择：用于调节输出图像是清晰（SHAPR）还是平滑（SOFT）。

7）电子快门：无闪动（FLICKERLESS）方式：因为 PAL 制式 50Hz 扫描，NTSC 制式 50Hz 扫描，为了防止摄像机和监视器因制式问题产生的闪动给 PAL 制式提供 1/120s 的固定快门速度，对 NTSC 摄像机提供 1/100s 固定快门速度，使其能在 50Hz 和 60Hz 的电源频率下使用。

在工程中，如果需要夜间摄像，选用低照度黑白摄像机，甚至不需要红外灯，也可获得和白天相差无几的图像，目前超低照度彩色摄像机或在低照度下自动转为黑白的彩色摄像机已经在工程中使用，随着技术的进步，成本的降低，越来越多新型的摄像机会走进市场。

（4）黑白 CCD 摄像机的附带功能

1）自动光圈：在闭路电视监控系统中，摄像机通常都是在光照度变化很大的场合安装使用。为保证 CCD 摄像机能够正确曝光成像，就必须设置一种装置使镜头的光圈能够随着外界光线照度的变化自动进行调整，以保证电视图像的清晰。目前在市场上见到的标准 CCD 摄像机大都带有驱动自动光圈镜头的接口，其中有些只提供一种驱动方式，有些则可同时提供两种驱动方式供用户选择。

2）电子快门：电子快门是比照机械快门功能提出的一个术语，相当于控制 CCD 图像传感器的感光时间，CCD 摄像机大都带有电子快门功能。电子快门时间一般为 1/50～1/1000s，高档摄像机则将电子快门时间分为若干档，可在自动方式下根据光线的强弱自动调节，也可进行手动拨档调节。

3）自动增益控制：为了使摄像机输出的视频信号达到电视传输规定的电平（0.7V），必须使放大器能够在一个较大的范围内进行增益调节，这种调节是通过检测视频信号的平均电平自动完成的，完成此功能的电路称为自动增益控制电路（AGC 电路）。一般的 CCD 摄像机的 AGC 调整范围为 0～18dB，有些可达 30dB。

4）线同步锁定：利用交流电源锁定摄像机场同步脉冲的一种同步方式。当图像由于交流电源的干扰出现网波时，用此功能可消除干扰。

5）逆光补偿：当摄像机所检测的区域处于逆光状态时，得到的视频图像显得无层次，不清晰。引入逆光补偿，会使图像的主体变得明朗、清晰。最简单的逆光补偿形式是仅以图像的中央为参照进行自动曝光控制。有些型号的摄像机具有编程补偿功能，可以对图像分区编程补偿，更高级的摄像机还可对各分区的灵敏度编程。

4．彩色 CCD 摄像机

彩色 CCD 摄像机也是以 CCD 图像传感器为核心的部件。按摄像机中所用 CCD 图像传感器片数的不同，有三片式、二片式和单片式三种类型。其中三片式和二片式彩色摄像机的分辨率高，主要用于广播类摄像机；而单片式 CCD 摄像机主要用于闭路电视监控系统中。和前两种相比，它的分辨率较低，但价格也相对低很多。

（1）彩色 CCD 摄像机的结构组成

以单片式彩色 CCD 摄像机为例，对其结构组成和工作过程作简单说明。单片式彩色 CCD 摄像机的结构如图 2-8 所示。

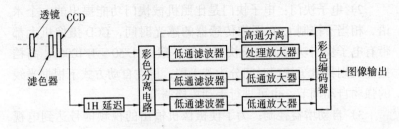

图 2-8　单片式 CCD 彩色摄像机结构

它由摄像机镜头、带镶嵌式滤色器的 CCD 传感器、彩色分离电路、低通滤波器、处理放大器及彩色编码器等电路组成。摄像机所要拍摄的景物信号通过镜头及滤色器后在 CCD 传感器上成像，转变成电信号。从 CCD 传感器输出的信号与将它延迟一个水平扫描周期的延迟信号（1H 延迟信号）通过彩色分离电路，分离出红、绿、蓝三基色信号。分离出来的三基色信号通过各自的低通滤波器之后，再经过放大进入彩色编码器，最后输出复合图像信号。

（2）彩色 CCD 摄像机的性能参数

与黑白 CCD 摄像机相比，彩色 CCD 摄像机还具有白平衡、黑平衡、相位调整及色温调整等参数。分别介绍如下：

1）白平衡（White Balance）：当用彩色摄像机摄取纯白色景物（如白色的墙壁或纸片）时，在理想情况下，摄像机输出的红、绿、蓝信号电压是相等的，它使标准彩色监视器重现出纯白色的被摄景物。人们把拍摄白色物体时摄像机输出的红、绿、蓝三基色信号电压 $U_R = U_G = U_B$ 的现象称为白平衡。

摄像机在实际拍摄景物时输出的三个基色信号电压的幅度除了与图像本身的色度和亮度有关，还与照射景物的光源的光谱功率分布特性有关。因此，红色信号的幅度比蓝色信号的幅度大。这一信号幅度的差异使显像管重现的白色图像显示出很淡的红色。它表明光源的光谱特性改了摄像机的输出特性，影响了重现图像的色度，使图像出现了失真。

在电路设计中，为了在拍摄同一白色景物的情况下显像管能得到三个幅度相同的基色电压，使图像显示出标准白色。通过调整红、蓝路信号放大器的增益来维持 $U_R = U_G = U_B$ 的关系，这种调节就叫做白平衡调节或白平衡调整。

白平衡是彩色摄像机的重要参数，它直接影响重现图像的彩色效果，当摄像机的白平衡设置不当时，重现图像就会出现偏色现象，特别是会使原本不带色彩的景物（如白色的墙壁）也着上了颜色。

2) 黑平衡（Black Balance）：摄像机在拍摄黑色景物时，输出的红、绿、蓝三基色信号电压只有相等才能在监视器的屏幕上重现出纯黑色，这种现象叫做黑平衡。若黑平衡调整不好，在监视器的屏幕上会出现黑里透红或黑里透绿等失真的色调。

黑平衡也是彩色摄像机的一个重要参数，但在闭路电视监控系统中使用的彩色摄像机一般不设黑平衡调整电路，广播类摄像机则大多设有黑平衡调整电路。

3) 行相位调整（Horizontal Phase，HP）：行相位与彩色副载波具有严格的锁定关系。一旦相位失锁，就会在监视器屏幕上重现的图像无彩色或是出现彩色失真。

其锁定关系是在摄像机的同步信号产生电路中完成的，电路的设计使这一锁定关系具有很宽的跟踪范围，一般不需外加调整。因此绝大多数的 CCD 彩色摄像机没有设置外 HP 调整功能。仅在中高档彩色摄像机的背面板或侧面板上增加一个 HP 调整旋钮。当监视器上重现的图像出现彩色失真时，可调整此 HP 旋钮来加以消除。

4) 场相位调整（Vertical Phase，VP）：为了保证正确的扫描，场相位与行相位有着严格的锁定关系。当监视器屏幕上的图像出现垂直滚动时，应通过调整 VP 旋钮来消除画面的滚动。

5) 外同步输入（SYNC）：摄像机内部都设有同步信号产生

电路来为摄像机的各部分电路提供所需的同步信号，用以保证正确的电视扫描关系。此时摄像机工作在内同步方式。当单独使用一个摄像机时，无需使用外同步输入端口即可得到稳定的图像。

而当多个摄像机共同使用一个后端设备（如画面分割器）时，由于后端设备无法同时跟踪所有摄像机的同步信息，容易造成各显示画面的不同步。因此要使用外同步输入端口，将摄像机置于外同步方式，以使各摄像机能够同步工作。

5. 摄像机的选择

在闭路电视监视系统中，摄像机的选择要从下面几方面来考虑。

（1）环境照度：从照度条件上可分为超低照度（0.01lx 以下）、低照度（0.01~0.1lx）、一般照度（10~100000lx）和高照度（1000000lx 以上）。选择摄像机时可根据使用环境的照度条件并结合摄像机的照度参数来进行。监视目标的最低环境照度至少应高于摄像机最低照度的 10 倍。

（2）环境工作条件：闭路电视监视系统中摄像机的使用环境差异很大，对摄像机的保护主要体现在需要对其进行防雨、防尘、防高温、防低温等，这些保护的进行一般通过对防护罩的选择即可达到。

（3）被监视目标的要求：根据被监视目标的具体情况，即对清晰度和色彩的要求来选择摄像机（黑白摄像机获得的图像清晰度高而彩色摄像机获得的图像色彩丰富）。需要注意的是摄像机的选择要和监视器结合起来。

摄像机应根据目标的照度选择不同灵敏度的摄像机，监视目标的最低环境照度至少应高于摄像机最低照度的 10 倍。通常选择时可参照表 2-2 进行。

在室外或半室外光强变化悬殊的情况下进行昼夜监测时，应采用最低照度小于 1lx（F/1.4）的摄像机。在使用单片固体摄像机时，其最低照度应小于 10lx（F/1.4），见表 2-3。

照度与选择摄像机的关系　　　　　　　表 2-2

监视目标的照度	对摄像机最低照度的要求（在 F/1.4 情况下）
< 50lx	≤1lx
50~100lx	≤3lx
>100lx	≤5lx

照度与明暗例　　　　　　　表 2-3

照度	明暗例
0.3lx	晴天月圆之夜的地面
2lx	夜晚的病房、剧场内的观众席
10lx	车库、剧场休息时的观众席
50lx	旅游饭店的走廊
100lx	饭店大厅
200lx	视听室
500lx	小型自选商店内、普通办公室

在一般的监视系统中，大多数采用黑白摄像机，因为它比彩色摄像机容易达到照度和清晰度等的较高要求，彩色摄像机主要用于对色彩有一定要求的场合，见表 2-4。

彩色和黑白摄像机的选择　　　　　　　表 2-4

	彩色摄像机	黑白摄像机
信息量	○因有颜色而使信息量增大（据认为信息量为黑白摄像机的大约 10 倍）	△不能辨别颜色
环境	△在光线暗的场所，清晰度差	○在光线暗的场所清晰度好（使用红外照明，在照度为 0 勒克斯的黑暗处也可拍摄）
费用	△费用较高	○费用低

目前，监控电视系统宜采用固体摄像机（CCD 摄像机）。选用固体黑白摄像机时，其水平清晰度应≥380 线；选用固体彩色

摄像机时，其水平清晰度应≥330线。它们的信噪比均应≥42dB，电源变化适应范围应≥±10%，温度、湿度范围（必要时加防护设备）应符合现场气候条件的变化。

监视目标逆光摄像时，宜选用具有逆光补偿的摄像机。户内、外安装的摄像机均应加装防护套，防护套可根据需要设置遥控雨刷和调温控制系统。

6. 摄像机的布置

摄像点布置要求：

（1）必须安装摄像机进行监视的部位有：主要出入口、总服务台、电梯（轿厢或电梯厅）、车库、停车场、避难层等。

（2）一般情况下均应安装摄像机的部位有：底层休息大厅、外币兑换处、贵重商品柜台、主要通道、自动扶梯等。

（3）可结合宾馆管理系统的需要有选择地安装摄像机，或在客房通道、酒吧、咖啡茶座、餐厅、多功能厅等预埋管线，在需要时再安装摄像机。

最后说明一下监视场地的照明。黑白电视系统监视目标最低照度应不小于10lx；彩色电视系统监视目标最低照度应不小于50lx。零照度环境下宜采用近红外光源或其他光源。

具体布置，见图2-9～图2-11。

二、镜头

镜头相当于人眼的晶状体，如果没有晶状体，人眼看不到任何物体；如果没有镜头，那么摄像头所输出的图像就是白茫茫的一片，没有清晰的图像输出。摄像机镜头是闭路电视监视系统中不可缺少的部件，它的质量（指标）优劣直接影响摄像机的整机指标。

1. 镜头的分类

（1）按摄像机镜头规格分：有1英寸……$\frac{1}{4}$英寸等规格，镜头规格应与CCD靶面尺寸相对应，摄像机靶面大小为$\frac{1}{3}$英寸时，

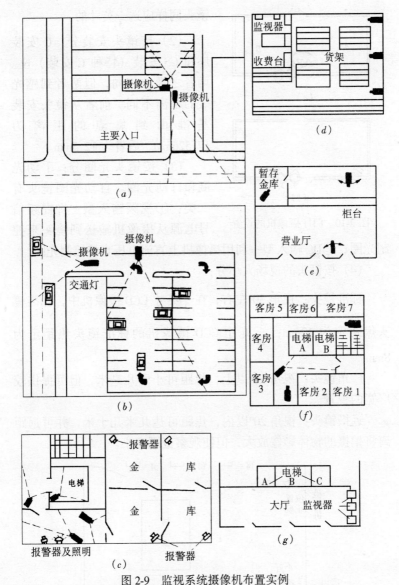

图 2-9 监视系统摄像机布置实例
(a) 需要变焦场合;(b) 停车场监视;(c) 银行金库监控;
(d) 超级市场监视;(e) 银行营业厅监视;(f) 宾馆保安监视;
(g) 公共电梯监视

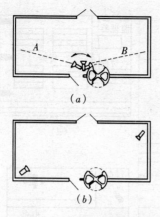

图 2-10 门厅摄像机的设置

镜头同样应选 $\frac{1}{3}$ 英寸的。

(2) 按镜头安装分：C 安装座和 CS 安装（特种 C 安装）座。两者之螺纹相同，但两者到感光表的距离不同。前者从镜头安装基准面到焦点的距离为 17.526mm，后者为 12.5mm。

(3) 按镜头光圈分：手动光圈和自动光圈。自动光圈镜头有二类：①视频输入型—将视频信号电源从摄像机输送到镜头来控制光圈；②DC 输入型—利用摄像机上直流电压直接控制光圈。

(4) 按镜头的视场大小分：

标准镜头：视角 30°左右，在 $\frac{1}{2}$ 英寸 CCD 摄像机中，标准镜头焦距定为 12mm；$\frac{1}{3}$ 英寸 CCD 摄像机的标准镜头焦距定为 8mm。

广角镜头：视角 90°以上，焦距可小于几毫米，但可提供较广宽的视景。

远摄镜头：视角 20°以内，焦距可达几米几十米，并可远距离将拍摄的物体影像放大，但使观察范围变小。

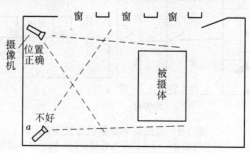

图 2-11 摄像机应顺光源方向设置

变倍镜头（Zoom lens）：亦称伸缩镜头，有手动和电动之分。

变焦镜头：它介于标准镜头与广角镜头之间，焦距可连续改变，参见表 2-5 ~ 表 2-6。

常用定焦距镜头参数表　　　　　　表 2-5

焦距(mm)	最大相对孔径	像场角度 水平	像场角度 垂直	分辨能力(线数/mm) 中心	分辨能力(线数/mm) 边缘	透射系数	边缘与中心照度比（%）
15	1:1.3	48°	36°	—	—	—	—
25	1:0.95	32°	24°	—	—	—	—
50	1:2	27°	20°	38	20	—	48
75	1:2	16°	12°	35	17	0.75	40
100	1:2.5	14°	10°	38	18	0.78	70
135	1:28	10°	7.7°	30	18	0.85	55
150	1:2.7	8°	6°	40	20	—	—
200	1:4	6°	4.5°	38	30	0.82	80
300	1:4.5	4.5°	3.5°	35	26	0.87	87
500	1:5	2.7°	2°	32	15	0.84	90
750	1:5.6	2°	1.4°	32	16	0.58	95
1000	1:6.3	1.4°	1°	30	20	0.58	95

常用变焦距镜头参数表　　　　　　表 2-6

焦距(mm)	相对孔径	视场角 对角线	视场角 水平	视场角 垂直	最近距离(m)
12 ~ 120	1:2	5°14′ 49°16′	4°12′ 40°16′	3°10′ 30°1′	1.3
12.5 ~ 50	1:1.8	12°33′ 47°28′	10°03′ 38°48′	7°33′ 92°35′	1.2
12.5 ~ 80	1:1.8	8°58′ 47°28′	6°18′ 38°18′	4°44′ 29°34′	1.5
14 ~ 70	1:1.8	8°58′ 42°26′	7°12′ 34°54′	5°24′ 26°32′	1.2
15 ~ 150	1:2.5	6°04′ 55°50′	4°58′ 45°54′	30°38′ 35°08′	1.7

续表

焦 距 (mm)	相对孔径	视 场 角			最近距离 (m)
		对角线	水 平	垂 直	
16~64	1:2	9°48′ 37°55′	7°52′ 30°45′	5°54′ 23°18′	1.2
18~108	1:2.5	8°24′ 47°36′	6°44′ 38°48′	5°02′ 29°34′	1.5
20~80	1:2.5	11°20′ 43°18′	9°04′ 35°14′	6°48′ 26°44′	1.2
20~100	1:1.8	9°04′ 35°14′	7°16′ 28°30′	5°26′ 21°34′	1.3
25~100	1:1.8	9°04′ 35°14′	7°16′ 28°30′	5°26′ 21°34′	2

针孔镜头：镜头端头直径几毫米，可隐蔽安装。

（5）按镜头焦距分：

短焦距镜头：因入射角较宽，故可提供较宽广的视景。

中焦距镜头：标准镜头，焦距长度视 CCD 尺寸而定。

长焦距镜头：因入射角较窄，故仅能提供狭窄视景，适用于长距离监视。

变焦距镜头：通常为电动式，可作广角、标准或远望镜头用。

选择镜头时，应根据摄像机位置到被监视目标的距离来决定镜头的焦距 f，见图 2-12、图 2-13。关系式如下：

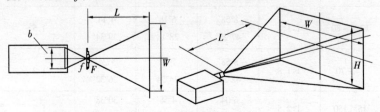

图 2-12 镜头特性参数之间的关系

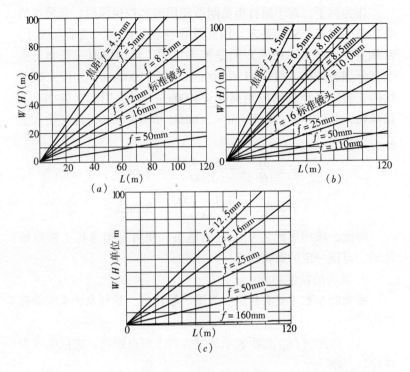

图 2-13 镜头参数计算图
(a) 1/2 英寸管摄像机；(b) 2/3 英寸管摄像机；(c) 1 英寸管摄像机

$$H = \frac{aL}{f}$$

$$W = \frac{bL}{f}$$

式中　H——视场高度（m）；

　　　W——视场宽度（m），通常 $W = \frac{4}{3}H$；

　　　L——镜头至被摄物体的距离（视距）（m）；

　　　f——焦距（mm）；

　　　a——像场高度（mm）；

　　　b——像场宽度（mm）。

作为例子，对于银行柜员制所使用的监控摄像机，其覆盖的景物范围有着严格的要求，因此景物视场的高度（或垂直尺寸）H 和宽度（或水平尺寸）W 是能确定的。例如摄取一张办公桌及部分周边范围，假定 $H = 1500mm$，$W = 2000mm$，并设定摄像机的安装位置至景物的距离 $L = 4000mm$。现选用 1/3 英寸 CCD 摄像机，其尺寸 a、b 为：$a = 3.6mm$，$b = 4.8mm$，将它代入上式可得：

$$f = \frac{aL}{H} = \frac{3.6 \times 4000}{1500} = 9.6mm$$

$$f = \frac{aL}{W} = \frac{4.8 \times 4000}{2000} = 9.6mm$$

因此，选用焦距为 9.6mm 的镜头，便可在摄像机上摄取最佳的、范围一定的景物图像。

2. 镜头的特性参数

镜头的参数主要有焦距、光圈、场视角、景深及镜头安装接口等。

(1) 焦距（f）。焦距表示从镜头到主焦点距离，它以毫米为单位。

(2) 光圈（F）。光圈即指光圈指数 F，它被定义为镜头的焦距（f）和镜头有效直径（D）的比值，即 $F = f/D$。

(3) 视场角。镜头都有一定的视野范围，镜头对这个视野的高度和宽度的张角称为视场角。焦距的长短关系到视场角的大小。焦距短，视角宽；焦距长，视角窄。根据视场角的大小可将镜头划分为五种；长角镜头（视场角小于 45°）、标准镜头（视场角在 45°～50°之间）、广角镜头（视场角大于 50°）、超广角镜头（视场角接近 180°）、鱼眼镜头（视场角大于 180°）。

(4) 景深。景深是指焦距范围内景物的最近和最远点之间的距离。通常改变景深的方法有三种：一是用长焦距镜头；二是增大摄像机和被摄物体的实际距离；另一种方法是缩小镜头的焦距。

(5) 镜头安装接口。镜头与摄像机大部分采用"C"、"CS"安装座连接。所有的摄像机镜头均是螺纹口的，CCD 摄像机的镜头安装有两种工业标准，即 C 安装座和 CS 安装座。两者螺纹部分相同，但两者从镜头到感光表面的距离不同。C 安装座从镜头安装基准面到焦点的距离是 17.526mm。CS 安装座其镜头安装基准面到焦点的距离是 12.5mm。如果要将一个 C 安装座镜头安装到一个 CS 安装座摄像机上时，则需要使用镜头转换器。反之则不能。

3. 镜头的选择

对任何一种应用场合，选择恰当的镜头都是最基本的要求。镜头选得不对会使整个系统降格。选择镜头时主要考虑的因素有：焦距、摄像机格式、孔径、景深、自动或手动光圈、视频或直流光圈、CS 或 C 型镜头座。

(1) 焦距

焦距的大小决定着视场角的大小，焦距数值小，视场角大，所观察的范围也大，但距离远的物体分辨不很清楚；焦距数值大，视场角小，观察范围小，只要焦距选择合适，即便距离很远的物体也可以看得清清楚楚。由于焦距和视场角是一一对应的，一个确定的焦距就意味着一个确定的视场角，所以在选择镜头焦距时，应该充分考虑是观测细节重要，还是有一个大的观测范围重要。如果要看细节，就选择长焦距镜头；如果看近距离大场面，就选择小焦距的广角镜头。

(2) 摄像机格式

摄像机成像器件（CCD）的大小对视角也有影响，在镜头相同的条件下，较小的器件产生较小的视角。但是镜头的格式与视角无关，对它的要求仅仅是其成像的面积能覆盖成像器件的面积，即镜头的格式要相等或大于成像器件。如 1/3″的摄像机可以用到 1/3″到 1″的所有镜头上，1/3″（8.5mm）的镜头与 2/3″（17mm）的镜头在 1/3″的 CCD 上产生相同的视角。而且由于大规格镜头仅用了中心部分，光学配合也更精细，所以，图像的清晰和质量还有所提高。

(3) 景深

景深是指在视场内能聚焦的范围。景深大,说明视场范围内很大的比例处于聚焦状态,这个范围可以从靠近镜头的物体到无限远;景深小,说明视场中只在很小部分聚焦。

影响视场的因素有:广角镜头的景深一般大于长镜头。F 光圈值调大(光孔小),景深也会增加。自动光圈镜头的光孔在不断调整,这意味景深也在不断变化。夜间光圈全部打开所以景深变到最小,白天在聚焦范围的物体,夜间也可能落在聚焦范围以外。

(4) 计算视场

视场是指被摄物体的大小。视场的大小应根据镜头至被摄体的距离 L、镜头焦距 f 及所要求的成像大小来确定。其相互之间的关系可按下式计算:

$$f = aL/H \quad H = aL/f \quad W = bL/f$$

式中　H——视场高度(m);

　　　W——视场宽度(m);

　　　L——镜头至被摄体的距离(m);

　　　a——像场高度(mm);

　　　b——像场宽度(mm)。

在实际应用中,利用上面的公式可以计算出不同尺寸的摄像管在不同镜头焦距下的视场高度和宽度值;或者已知镜头和物体间的距离和物体的宽、高时,也可利用公式计算出焦距。

(5) 光圈

光圈对最终图像有多重影响。F 值小表明可以透过更多的光,因此在夜晚可获得较好的图像。在光很强或有反光的地方应采用小 F 值,使视频电平恒定,以避免摄像机拍出的图像"一片白"。所有自动光圈镜头都带有中灰点状滤色片以使最大的 F 值增大。F 值还直接影响景深。

(6) 自动和手动光圈

一般来说，在室外倾向用自动光圈镜头，因为室外照明变化大，而室内则多用手动光圈镜头，因为照明条件一般比较恒定。随着电子光圈摄像机的问世，光照条件变化的地方现在也可使用手动光圈的镜头了，因为摄像机可用电子方法进行补偿。然而，对这种使用方法应考虑到以下几个问题：光圈的调整变得很严格，在夜间如果把光圈开到最大，景深变得很小，在白天可能无法得到焦点很实的图像。摄像机只能保证视频电平恒定，解决不了景深的问题。如果把光圈关小，景深虽得到改进，但摄像机在低照度下的性能会变差。

(7) C 或 CS 镜头座

CS 型和 C 型座的区别在手后焦距，新型摄像机主要采用 CS 座。CS 座的摄像机两种镜头都可以用，但在装 C 型镜头时，应在摄像机和镜头间加一个 5mm 的环，以使图像聚焦点落在传感器上。反之，C 座的摄像机不能用 CS 座的镜头，因为从物理上讲不可能使镜头与 CCD 足够近，因而无法得到聚焦的图像。

监视目标亮度变化范围高低相差达到 100 倍以上或昼夜使用的摄像机，应选用自动光圈或电动光圈镜头。当需要遥控时，可选用具有光对焦、光圈开度、变焦距的遥控镜头。需要隐蔽安装的摄像机，宜采用针孔镜头或棱镜镜头。

电梯轿厢内的摄像机镜头，应根据桥厢体积的大小，选用水平视场角≥70°的广角镜头。对景深大、视角范围广的监控区域，应采用带全景云台的摄像机，并根据监控区域的大小选用 6 倍以上的电动遥控变焦距镜头，或采用 2 只以上定焦距镜头的摄像机分区覆盖。

摄像大小与镜头焦距的对照，见表 2-7。

摄像大小与镜头焦距　　　　　　　　　表 2-7

镜头种类	1/3 英寸用	1/2 英寸用	2/3 英寸用
标　准	8mm	12mm	16mm
广　角	4mm	6mm	8mm
超广角	4mm 以下	6mm 以下	8mm 以下
望　远	8mm 以上	12mm 以上	16mm 以上

长角焦距镜头和广角镜头性能的比较，见表 2-8。

长角焦距镜头和广角镜头的性能比较　　　　表 2-8

类别 性能	广 角 镜 头	长 焦 镜 头
景　深	深	浅
取景显像	小	大
聚焦要求	低	高
远 近 感	有夸张效果，甚至变形	画面压缩，深度感小，变形小
使用效果	适应全景	应用于特写
画　调	硬　调	软　调
适合场合	1. 实况全景场面 2. 拍摄小场所 3. 显示被摄体为主，又要交待其背景	1. 被摄体离镜头较远 2. 被摄体清楚，而其他距离的物体模糊 3. 适用于不变形的展现近景的摄制

三、云台

摄像机云台是一种用来安装摄像机的工作台，分为手动和电动两种。手动云台由螺栓固定在支撑物上，摄像机方向的调节有一定范围。一般水平方向可调 15°～30°，垂直方向可调 ±45°。电动云台是在微型电动机的带动下做水平和垂直转动，不同的产品其转动角度也各不相同。

1. 云台的分类

（1）按安装部位分：室内云台和室外云台（全天候型），见表 2-9。

（2）按运动方向分：水平旋转云台（转台）和全方位云台。

（3）按承受负载能力分：

轻载云台——最大负重 20 磅（9.08kg）；

中载云台——最大负重 50 磅（22.7kg）；

重载云台——最大负重 100 磅（45kg）；

防爆云台——用于危险环境，可负重 100 磅（45kg）。

几种常用电动云台的特性　　　　　表 2-9

性能项目 \ 种类	室内限位旋转式	室外限位旋转式	室外连续旋转式	室外自动反转式
水平旋转速度	6°/s	3.2°/s	—	6°/s
垂直旋转速度	3°/s	3°/s	3°/s	—
水平旋转角	0°~350°	0°~350°	0°~360°	0°~350°
垂直旋转角 仰	45°	15°	30°	30°
垂直旋转角 俯	45°	60°	60°	60°
抗风力	—	60m/s	60m/s	60m/s

（4）按旋转速度分：

恒速云台——只有一档速度，一般水平转速最小值为 6~12°/s，垂直俯仰速度为 3~3.5°/s。

可变速云台——水平转速为 0~>400°/s，垂直倾斜速度多为 0~120°/s，最高可达 400°/s。

2. 云台的选择

在云台的选用中，主要应考虑云台的回转范围、承载能力、云台的使用电压、旋转速度、安装方式和外形等。

（1）回转范围。云台的回转范围分水平旋转角度和垂直旋转角度两个指标，具体选择时可根据所用摄像机的设想范围要求加以选用。

水平旋转有 0°~355°云台，两端设有限位开关，还有 360°自由旋转云台，可以作任意个 360°旋转。

垂直俯仰均为 90°，现在已出现垂直可做 360°，并可在垂直回转至后方时自动将影像调整为正向的新产品。

（2）承载能力。因为摄像机及其配套设备的重量都由云台来

43

承载,选用云台时必须将云台的承载能力考虑在内。一般轻载云台最大负重约 9kg,重载云台最大负重约 45kg。

(3) 云台使用电压。云台的使用电压有 220V 交流、24V 交流和直流供电几种。

(4) 云台的旋转速度。一般来讲,普通云台的转速是恒定的,云台的转速越高,价格也就越高。有些场合需要快速跟踪目标,就要选择高速云台。有的云台还能实现定位功能。

1) 恒速云台——只有一档速度,一般水平旋转速度最小值为 $(6°\sim12°)/s$,垂直俯仰速度为 $(3°\sim3.5°)/s$。但快速云台水平旋转和垂直俯仰速度更高。

2) 可变速云台——水平旋转速度的范围为 $(0°\sim400°)/s$;垂直倾斜速度的范围多为 $(0°\sim120°)/s$,但已有最高达 $400°/s$ 的产品。

(5) 安装方式。云台有侧装和吊装两种,即云台可安装在顶棚上和安装在墙壁上。

(6) 云台外形。分为普通型和球形,球形云台是把云台安置在一个半球形、球形防护罩中,除了防止灰尘干扰图像外,还有隐蔽、美观的特点。

需要监视变化场景时,摄像机应配置电动遥控云台(见表2-10),其负荷能力应大于实际负荷重量的 1.2 倍。

固定摄像机与使用云台的摄像机的比较　　　　表 2-10

	固定安装摄像机	使用电动云台的摄像机
优点	• 费用低 • 通常可环视整个空间 • 安装、配线简单	• 连各角落都仔细观察
缺点	• 很难仔细观察各个角落	• 费用高 • 需要检修 • 推镜头时画面视角出现遗漏 • 需要操作员

四、摄像机的防护罩

在闭路电视监控系统中,摄像机的使用环境差别很大,为了在各种环境下都能正常工作,需要使用防护罩来进行保护。

1. 防护罩种类

防护罩的种类有很多,主要分为室内、室外和特殊类型等几种。室内防护罩主要区别是体积大小,外形是否美观,表面处理是否合格。主要以装饰性、隐蔽性和防尘为主要目标。而室外型因属全天候应用,要能适应不同的使用环境。防护罩的材料主要有铝合金、不锈钢等挤压成型。

防护罩的种类,如下:

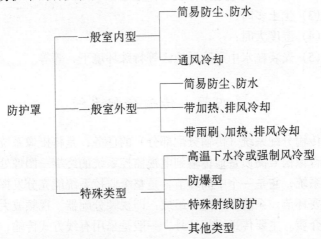

2. 防护罩性能要求

室外防护罩密封性能一定要好,保证雨水不能进入防护罩内部侵蚀摄像机。有的室外防护罩还带有排风扇、加热板、雨刮器,可以更好地保护设备。当天气太热时,排风扇自动工作;太冷时加热板自动工作;当防护罩玻璃上有雨水时,可以通过控制系统启动雨刮器。室内防护罩除了起防尘的作用外,还起装饰、隐蔽的作用。室外防护罩的功能主要有防晒、防雨、防冻、防结露等。选用时要根据环境条件适当配上刮水器、清洁器、防霜器、加热器、风扇等附属设备。

3. 防护罩的选择

首先是要包容所使用的摄像机镜头，并留有适当的富余空间，其次是依据使用环境选择适合的防护罩类型，在此基础上，将包括防护罩及云台在内的整个摄像前端之重量累计，选择具有相应承重量的支架。还要看整体结构，安装孔越少越利于防水，再看内部线路是否便于连接，最后还要考虑外观、重量、安装座等等。

在以下环境下，安装的摄像机需使用摄像机防护罩：
（1）在室外受风吹雨打时；
（2）周围温度超过摄像机工作范围；
（3）尘土多时；
（4）湿度大时；
（5）安装在水中和防爆地区等特殊环境下，等等。

第四节　传输分配系统

传输分配系统（传输分配部分）的任务，是将摄像系统所监测的音像信号高质量地传输到电视监控系统的终端—图像处理与显示系统，它是一个中间环节，是整个监控系统能充分发挥功能的重要环节。系统由三部分组成：即视频分配器、视频放大器及传输介质。主要传送视频信号，一般是采用有线方式传输，有时也要采用无线传送的方式。

一、传输系统常用的专业术语

1. 光电转换

把景物各部分明暗不同的亮度转变成电信号（如电压和电流），然后在另一端将电信号还原成原来景物的影像，显示出来。这就是光电转换，是电视原理的基本点。

2. 像素

将一幅图像分解成许多基本单元,也就是分成许多点子,这就叫做"像素"。很明显,像素的数目越多,就越能呈现出图像的细节,因而画面就越清晰。

3. 扫描和视频

电子有规律的在显示屏幕上的运动,称为扫描。水平方向的运动叫做水平扫描(或行扫);垂直方向的运动,叫做垂直扫描,(或帧扫)。

电子按扫描次序运动,把像素顺次地变成电信号,这种电信号称为影像信号,或称为视频信号,简称视频。

4. 同步

发射与接收信号,摄录与显示的信号,必须同相、同频,否则,图像就不稳定,这种保持同相、同频的方式,称为同步。

5. 录像

将图像的电信号用一种装置记录、存储起来,以便重放,这种图像的记录方式,称为录像。常有磁记录、光记录和数字记录等几种手段。

6. 载波

发射机的功能是产生高频振荡,并且将这些振荡能量以电磁波的形式幅射到空间去。在广播中,想把音频和视频信号发送出去,就要先用它去调制一个频率较高的所谓载波频率的振荡,然后将这个调制后的高频信号发送到空间去。通常,称作载波。这个载波频率要比音频和视频信号高得多。

在调制中,若载波信号的幅度随着音频、视频信号而变化,称为调幅;而载波信号的频率按照音频和视频信号而变化,则称为调频。

7. 检波和鉴频

在接收装置中,常须将声音和图像还原出来,在调幅广播中,利用二极管的作用将音频信号取出来,称为检波。调频广播中,利用调频检波器将音频电压从中频信号中取出来,常称为鉴频,有相位鉴频器和比例鉴频器两种。

8. 制式

各国在标准中,对于电视广播的扫描行数、每秒帧数、视频频带、宽高比、同步信号、射频带宽、调制方式等作了规定,这些规定的不同,就称为不同的制式。制式是前提,在监控系统设计开始时,首先要将制式确定下来。

9. 频带和频道

特定的频率区域,分配给广播或通信业务的某一范围内的一些频率,称为频带。在电视广播中,影像和伴音高频信号占有一个很宽的频带,称为"频道"。

10. 亮度和对比度

图像显示的光亮程度,称为亮度。亮度太弱,影像就暗;亮度太强时,影像不明显,也不清晰。

影像的黑色部分和白色部分的亮度的对比程度,称为对比度。如对比度太强,会令人感到影像不柔和;如对比度太弱,则影像不明显。

色彩的对比程度,为彩色电视色度。

亮度和对比度,应很好的配合,以便得到层次分明、清晰的图像显示。

11. 自动增益控制(AGC)

由于各频道的信号电平不同、电源电压的波动,或由于信号的衰减不同,而引起图像质量变差,利用反馈的装置,采用自动增益控制电路,使影像信号电平保持稳定,使重显影像的对比度基本上不变,这种控制称为自动增益控制。自动增益控制电路有平均值型 AGC 电路、峰值型 AGC 电路和键控制 AGC 电路等几种。

12. 变频

超外差无线电接收中,把所需的射频输入信号变为中频的较低的载频称为变频,通常本地振荡和混频器合在一起称为变频器。

13. 选择性

衡量所需信号能从其他频率的干扰中区分出来的程度的特性。从谐振电路知识可以知道，通频带宽度越小，谐振曲线就越尖锐，电路频率选择性就越强。

14. 灵敏度

无线电接收机或类似设备，产生具有给定信噪比的额定输出信号所需最小输入信号，定义为灵敏度。输入信号可以用一定网络输入阻抗下的功率或电压表示。

在摄像中，在单位入射辐射密度下，摄像装置所产生的信号电流，定为灵敏度。在磁录音中，在给定的磁场强度下，在磁涂层的线性范围内所录下磁信号的相对强度，定为灵敏度。

二、视频分配器

闭路电视监控系统有时要求将一路视频信号提供给多台监视器或其他设备使用，这就需要一种能够将一路视频信号均匀分配为多路视频信号的设备，这就是视频分配器。经视频分配器输出的每一路视频信号仍能保证与输入信号的格式相同。

视频分配器通常有单输入和多输入两种形式。单输入视频分配器是指视频分配器只能对一路输入信号进行分配，多输入视频分配器指视频分配器能对多路视频输入信号进行视频分配；多输入视频分配器实际上是几个单输入视频分配器的组合。

图 2-14 为使用 PHILIPS 公司 LDH 4234 多路视频分配器的闭路电视监控系统配置图。

LDH 4234 4 通道放大器含 4 个放大器，每个都有 1 路输入和与对应输入完全一样的 3 路输出，供其他视频设备使用。输入具有可选的终接，因而可以接成视频信号的环路，利用这个特性把 4 个放大器都用上时，可以将一个视频信号分配到 12 台设备上。万一视频信号丢失，通过视频丢失继电器产生一个报警信号。

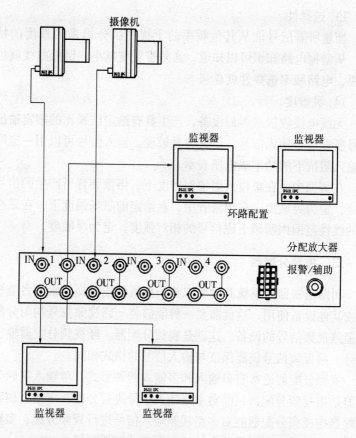

图 2-14 使用多路视频分配器的闭路电视监控系统配置

三、视频分配放大器

　　视频信号往往需要根据系统设计和现场实际情况被送往监视器、录像机等终端设备,完成图像的显示与记录功能。在图像分配时需使用一路输入、多路输出的功能,使图像在无扭曲或清晰损失情况下完成视频输出。为避免信号衰减,通常使用的视频分配器具有信号放大功能,故称为视频分配放大器,简称视频放大器。

在实际应用中,视频信号的传输距离应有一定的要求。如果传输距离过长,势必造成信号的衰减,使视频信号的清晰度受到影响。因此,在进行长距离传输时,应使用视频放大器将信号进行提升,以恢复到正常的幅值。

四、传输介质

在闭路电视监控系统中,传输介质的功能是将前端送来的视频信号传递到末端。通常采用有线的方式,传输介质主要有同轴电缆、光缆、双绞线等几种,目前使用较多的是同轴电缆,逐步将以使用光缆为主。

（一）同轴电缆

电缆有电力电缆、移动通用橡套软电缆、控制电缆、通信电缆等。而通信电缆主要是同轴电缆和光缆两大类。

同轴电缆主要用于通信和信息传输。

1. 同轴电缆的结构

同轴电缆的结构特点是同心圆型,由芯线、绝缘层、屏蔽层和护套组成。芯线为金属导线,绝缘层常采用的材料是聚乙烯,屏蔽层为金属网,护套采用聚氯乙烯。同轴电缆的结构,见图2-15。

目前常用的同轴电缆编号,如:

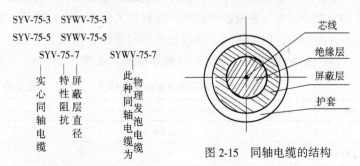

图 2-15 同轴电缆的结构

2. 同轴电缆的特性

（1）同轴电缆的传输距离。

常用的几种同轴电缆的传输距离，见表2-11。

常用同轴电缆的传输距离　　　　　　　　　表2-11

电缆型号	传输距离（m）	
	优质传输	一般传输
SYV-75-3	50	200
SYV-75-5	100	400～500
SYV-75-7	350	700
SYV-75-9	500	850

（2）同轴电缆的损耗，见表2-12。

常用同轴电缆的损耗　　　　　　　　　表2-12

型号	损耗（dB/100m）
SYV-75-5	24
SYV-75-7	12
SYV-75-9	9.5
SYV-75-12	6.5

如SYV-75-59同轴电缆，损耗为24dB/100m。在使用时，同轴电缆几何形状不能改变，破坏截面几何形状后，则损耗急剧增加，最常用的是物理发泡型，高压聚乙烯绝缘层结构。又如常用的SYV-75-9，为实芯聚乙烯结构，损耗稍大，而SYKV-75型，为偶芯，损耗小，但不防潮，所以在选用时要综合考虑。

国产SYV型同轴电缆的波阻抗等特性，见表2-13。

国产SYV型同轴电缆的主要特性　　　　　　　　　表2-13

型号	波阻抗(Ω)	30MHz时衰减不小于(dB/m)	电容不大于(pF/m)
SYV-75-2	75±5	0.186	76
SYV-75-3	75±3	0.122	76
SYV-75-5-1	75±3	0.706	76
SYV-75-5-2	75±3	0.0785	76

续表

型号	波阻抗(Ω)	30MHz时衰减不小于(dB/m)	电容不大于(pF/m)
SYV-75-7	75±3	0.0510	76
SYV-75-9	75±3	0.0369	76
SYV-75-12	75±3	0.0344	76
SYV-75-15	75±3	0.0274	76
SYV-75-17	75±3	0.0244	76
SYV-75-23-1	75±3	0.0200	76
SYV-75-23-2	75±3	0.0161	76
SYV-75-33-1	75±3	0.164	76
SYV-75-33-2	75±3	0.0124	76

3．其他同轴电缆

同轴电缆的产品很多，其他主要有：

（1）双同轴对的综合通信电缆；

（2）微同轴综合通信电缆；

（3）用于无线电设备、电子设备——信号传输的射频电缆；

（4）用于网络信息传输的数据传输电缆；

（5）用于闭路电视系统的电视电缆；

（6）用于移动通信的泄漏通信电缆等。

4．同轴电缆分配网

因为在同轴下损耗最小，所以采用同轴电缆，标准规定了750MHz时的损耗。为了进一步减小传输损失，采用同轴电缆分配网，其组成见图2-16。

图2-16 同轴电缆分配网

（二）光纤光缆

1．概述

光纤由纤芯、包层和被覆层构成，纤芯折射率比周围包层的折射率略高，光信号主要在纤芯中传输，包层为光信号提供反射边界并起机械保护作用，被覆层起增强保护作用。光缆由传输光信号的纤维光纤、承受拉力的抗张元件和外部保护层组成。

光波在光纤中的传输原理是射线光学和波动光学，多模光纤的传输过程符合射线光学的原理；波动光学将光看作电磁波，而光纤作为光波导，可用电磁波传输的原理来解释光波在光纤中的传输过程。

光纤传输质量的关键指标是损耗（吸收损耗、散射损耗、辐射损耗等）。光的传输还存在色散现象（模式色散、材料色散和波导色散等）。单模光纤不存在模间色散，在一定波长下，材料色散和波导色散可以相互抵销，使色散大大降低；多模光纤中存在模间色散，但渐变折射率型光纤，可减小模式色散，还可以采用色散补偿技术，以减少色散的影响。光纤应有足够的抗拉强度和剪切强度，主要措施是减少裂纹。

2．光纤、光缆的种类

（1）光纤的种类

按裸光纤纤芯折射率分布规律分为：阶跃型光纤、渐变型光纤。

按光纤传输的电磁波模式数量分为：单模光纤、多模光纤。

（2）光缆的种类

光缆的种类很多，有电力光缆、光电综合通信光缆、室内光缆、设备内光缆等，还有直埋光缆、管道光缆、架空光缆、海底光缆等。

3．光纤、光缆的结构

（1）光纤

光纤由裸光纤、一次被覆、二次被覆组成。裸光纤由纤芯和包层组成。一次被覆层的作用是增加光纤强度，常采用改性硅树脂、丙烯酸脂、环氧树脂等。二次被覆是为了减少光纤受到侧压力时产生的微小弯曲和使用方便，常采用尼龙、聚乙烯、聚酯类材料等。为了改善光纤的温度特性，常在一次被覆和二次被覆间增加一层缓冲层，或二次被覆采用松套结构。单心结构直接在一次被覆后进行二次被覆，或采用松套结构；多心结构在一次被覆后，将多根光纤组成光纤组再进行二次被覆。

裸光纤的组成材料如下：

1）石英系光纤。纤芯和包层由不同的石英制成，高纯度石英中因分别掺入 GeO_2、P_2O_5、B_2O_3 等杂质，而有不同的折射率，被广泛应用在通信系统中。

2）多组分玻璃光纤。以多种氧化物成分玻璃作为纤芯材料，较容易制成价格低廉的大芯径、大数值孔径光纤，应用于中短距离的光通信系统。

3）聚合物包层光纤。由 SiO_2 和折射率较小硅树脂、聚四氟乙烯聚合物包层组成，包层材料折射率低，具有较大的芯径和较大的数值孔径，应用于计算机网络和专用仪器设备。

4）塑料光纤。由折射率高的透明塑料纤芯与折射率低的透明塑料包层组成。常用材料有聚甲基丙烯酸甲脂、聚苯乙烯等；特点是数值孔径较大、芯径大、柔韧性好、耐冲击、重量轻、易加工、省电、使用方便、寿命长、价格便宜，并可用于环境恶劣的各种短距离通信系统。又由于提高了传输带域，传输损耗从3500dB/km 降到 20dB/km。因此，得到越来越广泛地应用。

另外，还有中红外光纤、传感器用光纤、大芯径大数孔径光纤、耐辐照光纤等，也得到很大发展和应用。

（2）光缆

实用传输系统需要把光纤制成光缆，光缆是由光通信的基本单元为主体，还有抗张加强芯、金属铠装层和外护套组成。

对光缆制造的要求有：

1）为光纤提供足够的机械保护；

2）传输特性不恶化；

3) 结构尺寸合理，减轻重量；
4) 具有柔韧性和一定的弯曲半径；
5) 连接、敷设方便，维护容易。

常见光缆的基本结构，见表2-14。

光 缆 的 结 构　　　　　表 2-14

基本结构	特　　点
层绞式光缆	由多根光纤分层绞合而成，适用于制作芯数较少的光缆
骨架式光缆	用骨架保护光纤，有一槽一芯和一槽多芯不同结构，光纤在槽内有一定的活动余地
单元式光缆	把几根光纤以层绞或骨架式结构制作成光缆单元（每个单元芯数小于10），然后把若干光缆单元绞合成光缆，可制作成包含数量较多，甚至达几百根光纤的光缆
中心管式光缆	将若干组光缆单元放入塑料绝缘管后，填充石油膏等胶状物以相对固定，最后铠装成缆
带状光缆	先将多根光纤制成光纤带，然后把多组光纤带绞合成光缆，或多组光纤带置于骨架中成缆，具有光纤分布密度高和便于接续等优点；带状光缆与骨架式结构相结合，可生产高达4000芯以上的大芯数光缆，这将成为光缆的主要品种
综合光缆	由光纤和通信电缆、电力电缆或电气装备线组组成，扩展了光缆的多种功能

为了增强光缆的抗张强度，常用高强度钢丝，在有强电干扰或对光缆重量有限制时，可采用多股芳纶丝或纤维增强塑料；金属铠装层可采用钢丝铠装、钢带铠装、皱纹钢管、铝管等；外护套可采用聚乙烯等材料，也可采用芳纶加强护套等。

4．光缆的敷设

（1）光纤一般敷设在建造好的专门沟道或管道中，在管道中敷设常采用润滑材料，以减少摩擦力，在沟道中敷设时需在沟井口采用易弯钢管保护。

（2）在野外敷设时，常将带有铠装外护套的光缆直接埋于1~2m深的土层中；在特殊情况下，可将光缆吊挂在电线杆，或固定在建筑物墙上。

（3）光缆敷设时应特别注意的事项：

1）光缆敷设时，应尽可能减少光缆的弯曲和扭转。

2）光纤光缆的接续，端面处理、中心轴要对准，以及光纤的熔接。否则，会引起光纤的损耗（接续损耗）。

5．光缆的测试

为了保证质量，发挥光纤、光缆的优越功能，施工完成后，应进行必要的检测。测试方法和考核指标，应参见相关的标准和试验方法。检测的主要项目有：

（1）光纤尺寸的检测；

（2）光纤光学性能的测量；

（3）光纤传输特性的测量；

（4）光缆力学性能的测量；

（5）光环境性能的测量。

五、传输线路的设计

1．传输距离计算

若传输黑白电视基带信号，在 5MHz 点的不平坦度大于 3dB 时，宜加电缆均衡器；当大于 6dB 时，应加电缆均衡放大器。当传输彩色电视基带信号，在 5.5MHz 点的不平坦度大于 3dB 时，宜加电缆均衡器；当大于 6dB 时，应加电缆均衡放大器。

例如，假定某种电缆在 10MHz 时每 100m 有 3.5dB 的衰减，那么在 5MHz 时每 100m 电缆的衰减为：

$$\sqrt{\frac{5}{10}} \times 3.5\text{dB} = 2.48\text{dB}$$

其最大传输距离为：

$$\frac{6}{2.48} \times 100 = 240\text{m}$$

又如假定某种电缆在 2.5MHz 时每 1000m 有 40dB 的衰减，则在 5MHz 时每 1000m 电缆的衰减为：

$$\sqrt{\frac{5}{2.5}} \times 40\text{dB} = 56.6\text{dB}$$

故其最大传输距离为：

$$\frac{6}{56.6} \times 1000 = 106\text{m}$$

若超过上述最大传输距离，则应加电缆均衡放大器。

2. 电缆选择

视频电缆一般采用同轴电缆，常用型号为SYV-75-9、SYV-75-5实心聚乙烯型和SBYFV-75-9泡沫绝缘型等。SBYFV型的衰减量比SYV型更小。控制电缆一般采用KVV型电缆。

若保持视频信号优质传输水平，SYV-75-3电缆不宜长于50m，SYV-75-5电缆不宜长于100m，SYV-75-7电缆不宜长于400m，SYV-75-9电缆不宜长于600m；若保持视频信号良好传输水平，上述各传输距离可加长一倍。

3. 电缆铺放

线路一般采用穿钢管暗敷设（扩建、改建工程除外）。当采用SYV-75-9型电缆时，管径应≥25mm；当采用SYV-75-5型电缆时，管径应≥20mm。采用工业电视电缆时管径应大于38mm。一根钢管一般只穿一根电缆，如果管径较大可同时穿入两根或多根电缆。

电缆与电力线平行或交叉敷设时，其间距不得小于0.3m；与通讯线平行或交叉敷设时，其间距不得小于0.1m。电缆的弯曲半径应大于电缆外径的15倍。

4. 光缆选用

传输距离较远，监视点分布范围广，或需进电缆电视网时，宜采用同轴电缆传输射频调制信号的射频传输方式。长距离传输或需避免强电磁场干扰的传输，宜采用无金属的光缆。光缆抗干扰性能强，可传输十几公里不用补偿。见图2-17。

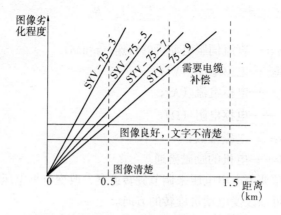

图 2-17 SYV 型电缆的图像劣化

第五节 控制系统

闭路电视监控系统的控制部分,主要是实现对电动云台、变焦距镜头、防护罩的雨刷及射灯等进行远距离控制。控制系统的主要设备有电动云台、云台控制器、多功能控制器等。

一、电动云台

电动云台是在微型电动机的带动下做水平和垂直转动。

微型电动机常采用伺服电动机。驱动云台时,它的转矩和转速受信号电压控制。当信号电压的大小和极性(或相位)发生变化时,电动机的转速和转动方向将非常灵敏和准确地跟着变化。

伺服电动机有交流和直流两种。交流伺服电动机就是两相异步电动机,其定子上装有两个绕组,一个是励磁绕组,另一个是控制绕组,在空间相隔 90°。交流伺服电动机的转子有笼型转子和杯形转子两种。直流伺服电动机和普通直流电动机一样,但转子的转动惯量较小,它的励磁绕组和电枢分别由两个独立电源供电。其速度调节的公式为:

$$n = \frac{U - I_a \cdot R_a}{c\Phi}$$

式中 n——直流伺服电动机的转速（r/min）；

U——电枢电压（V）；

I_a——电枢电流（A）；

R_a——电枢电阻（Ω）；

c——电磁常数；

Φ——电机的励磁磁通。

通常调节电枢电压来调节旋转速度，改变电枢电压和励磁的方向，可以改变电动机旋转的方向。

直流伺服电动机还常采用永磁式的（即磁极是永久磁铁），常用稀土钴或稀土钕铁硼等稀土永磁材料制作。

二、云台控制器

在配置了电动镜头和电动云台的闭路电视监控系统中，需要对摄像机进行遥控，来完成诸如控制云台的旋转、控制变焦镜头的远近及光圈的大小、控制防护罩的各附属功能及摄像机电源的通断等，所有的这些都要由云台控制器或多功能控制器来完成。

云台控制器按路数的多少可分为单路和多路两种；按控制功能可分为水平云台控制器和全方位云台控制器两种。多功能控制器的控制功能有所增加，因此结构也比云台控制器复杂。

图 2-18 显示了一个小型监控系统，该系统只使用了一台摄像机。

在这个系统中，控制室里的工作人员通过监视器可以观察摄

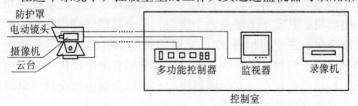

图 2-18 小型闭路电视监控系统图

像机传来的图像信息,并通过云台控制器调整镜头的方向、焦距的长短和光圈的大小等,以得到满意的图像信息,录像机则把图像信息实时地加以储存。

三、多功能控制器

多功能控制器用来控制一台或多台的电动云台、变焦距镜头、防护罩的雨刷及射灯。

（1）控制电动云台和云台控制器的功能相似。

（2）对于变焦距镜头,是一个自动光圈电动变焦镜头,采用两个伺服电动机,实现控制镜头的焦距及完成镜头的自动对焦。

（3）摄像机的防护罩,特别是室外防护罩,除要求密封性能要好之外,有的带有排风扇、加热板、雨刮器及控制排风扇工作,以达到散热降温的目的。天气冷时,加热板自动工作,自然应采用一个感温的器件,以达到自动的目的;当防护罩玻璃上有雨水时,也应设置一个检测器件,以通过控制系统启动雨刷器工作。通常还设有定时装置或间隙运行装置。此外,设置射灯的控制,以保证照明。

第六节 图像处理和显示系统

图像处理和显示系统是闭路电视监控系统的最重要的部分,也是终端环节,是使用设备最多、最集中的部分,也是技术最复杂的部分。这部分包括视频运动检测器、视频切换器、画面分割器、监视器、录像机等。

一、视频运动检测器

视频运动检测器是当所监视区域内有活动目标出现时,可发出报警信号并启动报警联动装置,它在闭路电视监控系统中起到报警探测器的作用。

视频运动检测器是根据视频取样报警的,即在监视器屏幕上根据图像内容开辟若干个长方形的隐形警戒区（如画面上的门窗、保险箱或其他重要部位），当监视现场有异常情况发生时，警戒区内图像的亮度、对比度及图像内容（即信号的幅度）均会产生变化，当这一变化超过设定的安全值时，即可发出报警信号。

视频运动检测器一般包括如下功能：

（1）可以在监视器屏幕上的任何位置设置视频报警警戒区，并任意设定各警戒区是否处于激活状态。

（2）可以对多路视频画面进行报警警戒区的布防，并且在警情发生时自动切换报警那一路或多路摄像机画面。

（3）可与计算机连接，并有相应的报警资料管理软件，可通过计算机完成对报警信息的统计、查阅、打印及其他控制操作。

（4）可以与多个报警中心联网，实现多级报警。

（5）自动循环报警以确保报警中心收到报警信号。

（6）防误码纠错技术，保证高抗干扰性能。

（7）除用于视频运动检测外，也可用于视频计数系统及速度测量等领域。

二、视频切换器

1. 监控系统种类

第一种是最简单的闭路电视监控系统，它是在只有数台摄像机，同时也不需要遥控的情况下，以手动操作视频切换器或自动顺序切换器来选择所需要的图像画面。见图2-19。

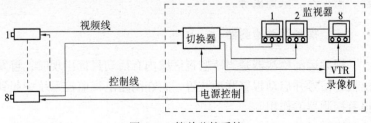

图2-19 简单监控系统

第二种是在第一种形式的基础上加上简易摄像机遥控器,如图 2-20 所示。其摇控为直接控制方式。它的控制线数将随其控制功能的增加而增加,在摄像机离控制室距离较远时,不宜使用。

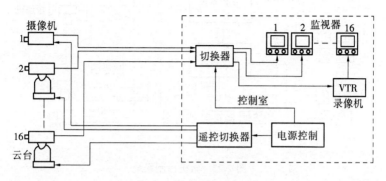

图 2-20 直接遥控系统

第三种监视系统如图 2-21 所示,它具备了一般监视系统的基本功能,遥控部分采用间接控制方式,降低了对控制线的要求,增加了传输距离。但对大型控制系统不太适用,因为遥控越

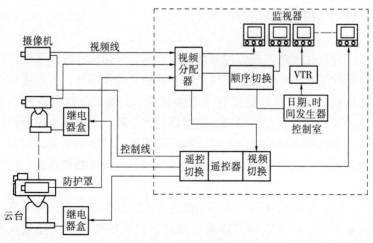

图 2-21 间接遥控系统

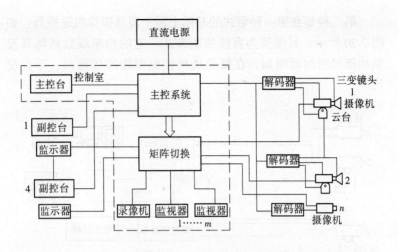

图 2-22 微机控制系统

多,控制线要求也越多;距离较远时,控制也较困难。

第四种系统是微机控制的矩阵切换方式,如图 2-22 所示,这种方式应用广泛。它可采用串行码传输控制信号,系统控制线只需两根。该方式便于实现大、中型监控系统。

近来,广泛采用以视频矩阵切换器为中心的安全防范系统,它包括电视监控与防盗报警等。

2．切换器类型

现代化闭路电视监控系统的核心部分是切换和控制系统。切换器除了具有扩大监视范围、节省监视器的作用外,有的还可产生特技效果。不论是仅有 4 台摄像机,1 或 2 台监视器的小系统,还是有数百台摄像机、监视器的大系统。采用中央控制的切换台都能使系统的功能大增。按照切换器的功能的不同,可将其分为顺序切换器、分组式视频切换器和矩阵式视频切换器三种类型。

(1) 顺序切换器。顺序切换器有多路视频输入端,但只有一路输出端。它可以使多路输入按设定的顺序和时间间隔依次输出,也可以从多路输入中选择一路输出。也就是说,无论有多少视频信号输入到切换器，只能有一路视频信号从切换器输出端输出。从输入信号的路数来分，顺序切换器分为4选1、6选1、8选1、16选1等几种。图2-23为配置四路顺序切换器的闭路电视监视系统。

（2）分组式视频切换器。在实际应用中，有时为了减少监视器的使用数量，通常在系统中使用画面分割器，使几组不同信号源的视频信号同时在同一监视器上反映出来。这就需要在系统中使用分组式视频切换器来协助完成此功能。分组式视频切换器可从多个输入信号中每次选出若干信号送入画面分割器（每次输出信号的多少应根据所选用的画面分割器来确定）。使用分组式视频切换器的闭路电视监控系统如图2-24所示，图中配置有4×4组视频切换器及四画面分割器。

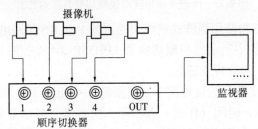

图 2-23　配置顺序控制器的闭路电视监控系统

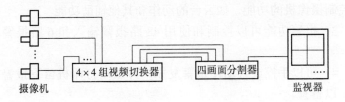

图 2-24　分组视频切换器与四分割器配合使用系统图

（3）矩阵式视频切换器。矩阵式视频切换器通常有两个以上的输出端口，且输出的信号彼此独立。其独有的矩阵切换方式如图2-25所示。在该矩阵中，每一个交叉点就相当于一个开关，

65

交叉点的接通意味着和其对应的输入信号就从输出点输出。需要注意的是在同一时刻每一个输出点只能与一个输入点接通。矩阵中的交叉点可以按照系统的实际需要进行通断操作的设定，来完成监控任务。

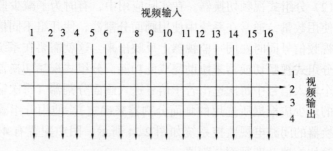

图 2-25 16 进 4 出矩阵切换器切换方法示意图

图 2-26 为使用矩阵式视频切换器的 PHILIPS 闭路电视监控系统配置图，图中所示的视频切换器 LDH5516/04 除控制视频输入/输出以外，它的特点还有：

1）图文叠显的设置菜单，视频输入/输出识别，报警和控制的文字显示，时间（任选）显示等。所有文字显示是多语种的，在初始设置时可以选择语种。

2）用键盘或 PC 机，配合摄像机功能控制器（线路板）可以控制摄像机的功能，如云台的动作和其他辅助功能。

3）报警功能可以控制和使用 48 路报警输入和 6 路报警输出。

4）可以手控或自动使报警复原，可以用打印机留下报警记录，以备查。

5）系统的设置和控制可以用键盘 LDH5304 或 PC 机发出指令进行控制。LDH5304 上安排尽量少的键，每个键都预定了功能，从而简化操作。视频控制矩阵内置了接口，因而可以用外部系统，如 PC 机或输出控制系统对它进行控制。

6）装备了视频信号在位检测器，当信号丢失时产生指示。

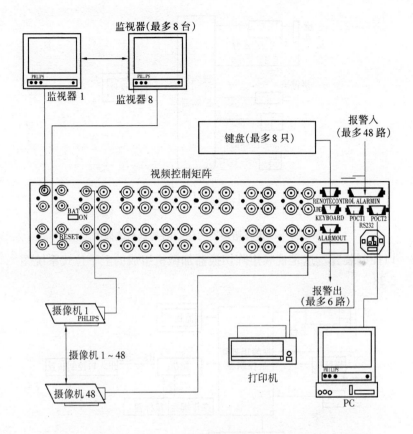

图 2-26 使用 LDH 5516/04 视频切换器的 PHILIPS 闭路电视监控系统配置图

以矩阵切换器为核心的控制系统有许多方案,例如:

①视频矩阵切换控制器也响应由各类报警探测器发送来的报警信号,并连动实现对应报警部位摄像机图像的切换并显示,见图 2-27。

②除具有以视频矩阵切换器为核心的基本系统全部功能外,新增配的微机起着上位机的作用,可替代键盘实现显示切换、控制前端等动作。若在微机中配备图像采集卡,则可具有报警时间现场图像采集存储及检索查询等功能,同时微机还可以管理出入

67

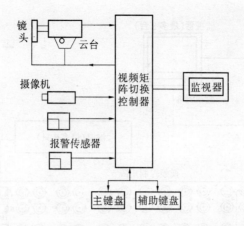

图 2-27 以矩阵切换器为核心的基本系统框图

口控制装置。这是视频矩阵切换器加微机组成的上下位式系统图 2-28。

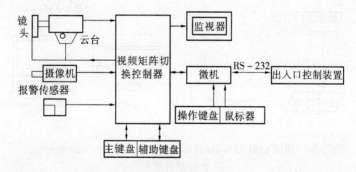

图 2-28 微机加矩阵切换器方框图

③视频矩阵切换与微机控制管理相融合的一体化系统，是又一种以矩阵切换器为核心的控制系统，响应报警传感器输入、出入口控制信号等，可以用键盘和鼠标操作。配合编程装置，可充分发挥微机在控制系统的功能，见图 2-29。

由美国 AD 公司生产的这种微机一体化系统，以系列矩阵切换控制器为核心，利用报警接口配置多路报警探测器，通过音频切换，可吸话筒的输入或对扬声器输出，采用视频分配器，接纳

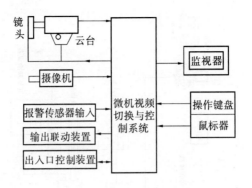

图 2-29 微机一体化系统框图

多路视频输入，切换器控制多路输出，并采用了多媒体技术，通过辅助跟随器控制多路辅助设备，通过联动单元控制多路联动设备，系统并能存储和做音像记录，系统中广泛应用数模、模数变换和 A/D、D/A 接口技术，使功能大大得到了扩展。典型系统配置，见图 2-30。

三、画面分割器

在大型楼宇的闭路电视监视系统中，摄像机的数量多达数百个，但监视器的数量受机房面积的限制要远远小于监视器的数量，而且监视器数量太多也不利于值班人员全面巡视。为了实现全景监视，即让所有的摄像机信号都能显示在监视器屏幕上，就需要用多画面分割器。这种设备能够把多个摄像机的视频信号进行特定形式的组合，重新形成一路视频信号送往监视器，使得在一个监视器上能同时显示多个小画面。因此，使用画面分割器不仅减少了监视器的使用数量，而且还能对多个摄像机送来的视频信号同时进行监控，用一台录像机同时录制多路视频信号。有些较好的多画面分割器还具有单路回放功能，即能选择同时录下的多路视频信号的任意一路在监视器上满屏放。画面分割器常用的有四画面分割器、九画面分割器和十六画面分割器三种。使用四画面分割器的闭路电视监控系统如图 2-31 所示。

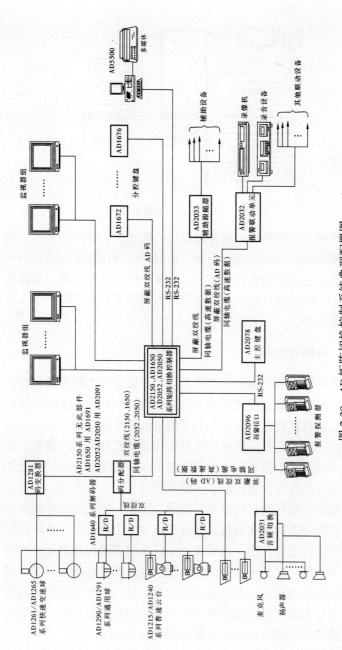

图 2-30 AD 矩阵切换控制系统典型配置图

注：AD1672 不适用于 AD2050、AD2052 系统，AD2032 不适用于 AD2150 系统

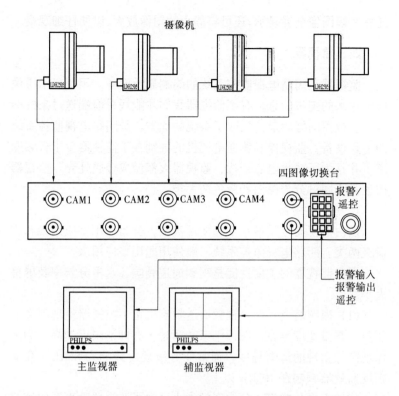

图 2-31 使用四画面分割器的闭路电视监控系统

四画面分割器 LDH2505 最多允许四台 CCIR 视频信号源切换到两台监视器上,可以进行连续的四图像显示或放大静止图像显示。既可同时显示四图像,也可选其中任何一图像全屏幕显示。视频输出还在屏幕上显示摄像机的识别码,这些显示可以按两秒钟周期顺序更换。如果经过选择,四图像显示也可以按顺序显示。报警触点可以遥控触发四台摄像机输入中的任何一台,使之在四图像监视器上静止显示。闪动的屏显报警信号指示出处在报警状态下的摄像机。四面画分割器 LDH2505 有一个报警输出,用于触发录像机或其他报警触发装置。用正面板上的按钮可以首选全屏或四图像显示,设定顺序显示,使当前显示的四图像中的任意一幅图像全屏显示,还可将静止的图像放大,以便仔细观察。

四、监视器

监视器是闭路电视监控系统的终端显示设备,用于显示摄像机传送来的图像信息,有了监视器我们才能观看前端送过来的图像。监视器的好坏最终反映了系统的优劣,是闭路电视监控系统的主要设备。监视器和普通电视机的区别在于监视器少了音频通道,并且为了减少电磁干扰,监视器大都做成金属外壳。监视器按色彩不同可分为黑白和彩色两大类。

1. 黑白监视器

黑白监视器按质量水平和使用范围,分为通用型应用级和广播级两类。闭路电视监控系统一般使用通用型应用级。

黑白监视器的主要性能是视频通道频响、水平分辨率及屏幕大小。

(1) 视频通道频响。视频通道频响决定了监视器重现图像的质量。频带宽度越宽,图像细节越清楚,亦即清晰度越高。为了保证图像重现的清晰程度,通常业务级规定频响为 8MHz,高清晰度监视器频响在 10MHz 以上。

(2) 水平分辨率。分辨率的大小反映了监视器重现图像细节的能力,是监视器的重要指标,它用线数表示。通常应用级规定中心不小于 600 线,高清晰度监视器不小于 800 线。视频通道带宽越宽,则水平分辨率越高,重现图像的清晰度也越高。实际使用时一般要求监视器线数要与摄像机匹配。

(3) 屏幕大小。屏幕的大小是按显像管荧光屏对角线的尺寸来确定的。常用的有 22.86cm(9in)、30.48cm(12in)、35.56cm(14in)、43.18cm(17in)、45.72cm(18in)、50.8cm(20in)、60.96cm(24in)。22.86cm(9in)为小型监视器,30.48~45.72cm(12~18in)为中型监视器,50.8cm(20in)以上为大型监视器,常用的是 35.56cm(14in)。

2. 彩色监视器

彩色监视器按照使用目的、基本功能及技术指标，可分为四种类型：

(1) 精密型监视器。精密型监视器分辨率可达 600~800 线，图像清晰、色彩逼真、性能稳定，但价格昂贵，适用于电视台做主监视器用或测量用。

(2) 高质量监视器。其技术指标和功能的多少都比不上精密型监视器，但能够真实反映图像质量。分辨率在 370~500 线之间，常用于要求较高的场合用做图像监视和检测等。

(3) 图像监视器。一般具有音频输入功能，分辨率在 300~370 线之间，清晰度稍高于普通彩色电视机，适用于非技术图像监视及视听教学系统等。

(4) 收监两用监视器。收监两用监视器是在普通电视机的基础上增加了音频和视频输入输出接口，分辨率不超过 300 线，性能与普通电视接收机相当。主要用于录像显示和有线电视系统的显示等。

3. 监视器的选择

(1) 监视器选择的原则

1) 监视器类型的选择应与前端摄像机类型基本匹配，黑白摄像机一般具有分辨率较高的特点，且价格较为低廉，在以黑白摄像机为主构成的系统中，宜采用黑白监视器。

2) 对于不仅要求看得清楚而且具有彩色要求的场合，随着大量使用彩色 CCD 摄像机，此时视频图像的显示必然用彩色监视器，但此时对彩色监视器分辨率的选择要适中，350~400 线是较理想的标准。

3) 600~800 线分辨率的高档 CRT 彩色监视器，其刷新率一般为每秒 75~80 帧，只适用在图像质量要求极高的场合。

4) 除分辨率指标外，目前时兴的是监视器具有易于控制和调节的功能。

5) 监视器有不同的扫描制式，选用时应注意。

6) 对于闭路电视监控系统而言，特别是在经费不太富裕的条件下,选用价格相对便宜的彩电是可行的折衷方案之一,但必须具有视频输入端子。

7) 监视器屏幕大小的选择,应以与视频图像相匹配为原则,用于显示多画面分割器输出图像的监视器,由于一屏上有多个摄像机输出图像,因此宜采用大屏幕的监视器。

(2) 监视器性能指标选择

监视器的性能指标及用途见表2-15。

监视器的种类和用途 表2-15

类型	主要性能指标	用途
精密型监视器	1. 中心分辨率600线以上 2. 色还原性能高 3. 各类技术指标的稳定性和精度很高,基本功能齐全 4. 线路复杂,价格昂贵	1. 适用于传输文字、图纸等系统的监视 2. 广播电视中心使用 3. 图像显示精度要求很高的应用电视系统
高质量监视器	1. 中心分辨率一般为370~500线 2. 具备一定的使用功能,但功能指标、技术指标均低于精密型监视器 3. 稳定性和精度较高	1. 适用于技术图像的监视 2. 广播电视中心的预监 3. 要求清晰度较高的应用电视系统 4. 系统的线路监视、预调和显示
图像监视器	1. 具备视音频输入功能 2. 信号的输入、输出转接功能比较齐全 3. 清晰度稍高于电视机,中心分辨率为300~700线	1. 适用于非技术图像监视,被广泛用于应用电视系统 2. 适用于声像同时监视监听的系统 3. 教育电视系统的视听教学
收监两用机	1. 具有高放、变频、中放通道 2. 具有视/音频输入插口 3. 分辨率低于300线(中心) 4. 性能和电视接收机相同	1. 适用于录像显示和有线电视系统的显示 2. 同时可作电视接收机使用

(3) 按用途选择监视器

根据用处及选择要点,见表2-16。

按用途选择监视器 表2-16

用 途	选 择 要 点
4分割系统	14英寸以上的监视器比较合适。小于14英寸的监视器,在显示4分割图像时,各摄像机拍的图像很难核实
安放在EIA支架上时	15英寸以下的监视器比较合适。大于15英寸时,EIA尺寸的支架不够宽
每台摄像机都配有一台监视器时	10英寸左右至21英寸左右的监视器比较合适 需认真考虑监视人与监视器之间的距离(远且监视器小时,看清困难)和安装场地
各监视器邻接安放时	有金属机壳的监视器比较合适,可以防止监视人之间互相干扰
使用了高图像清晰度的摄像机时	适合选用水平图像清晰度高的监视器。如果选用水平图像清晰度低的监视器,则摄像机的性能不会充分发挥出来
用于摄像机对焦时	6英寸监视器比较合适。如果使用更小的或液晶监视器,则不能进行严格地调焦

(4) 监视形态的选择

监视摄像机拍摄的图像时,监视形态由监视方法和VTR(录像机)记录的方法来决定。主要监视形态见表2-17。

主要监视形态的比较 表2-17

系统监视方法	实 时 监 视	VTR 记 录
1:1系统	1. 所有的摄像机拍摄的图像没有空载时间,都可以核实 2. 所占场地大	理想做法,是每台摄像机都与VTR连接,不过,从费用和场地方面考虑,可以用帧转换开关和时序转换开关进行记录
4分割系统	1. 节省场地,但所有摄像机拍摄的图像没有空载时间,都可以核实 2. 在报警等情况下,可将报警的摄像机拍的图像扩大到整个画面,加以核实	有两种记录方法,一是每台4分割机器都与VTR连接,二是在一台VTR上边切换4分割画面,边记录。空载时间少,但重放时,各台摄像机拍的图像小,很难进行核实

续表

系统监视方法	实 时 监 视	VTR 记 录
帧转换系统	1. 监控时，按时序显示各摄像机拍的图像，有空载时间 2. 各摄像机拍摄的图像可在整个画面上显示，容易核实	1. 如果与一般 VTR 组合，则几乎没有空载时间，是一种非常理想的监视形态 2. 如果与慢速 VTR 组合，则有相当多的空载时间 3. 重放时，可以连续观看任何一台摄像机拍的图像，容易核实
时序转换系统	1. 监控时，按时序显示各摄像机拍的图像，有空载时间 2. 各台摄像机拍的图像可在整个画面上显示，容易核实	1. 各台摄像机的图像都有相当多的空载时间 2. 重放时，各台摄像机拍的图像边切换边显示，很难核实

一般来说，如果选择实时监视形态，则采用 4 分割系统；如果用于记录，则采用帧切换系统，可以从价格和场地方面考虑如何选择。

SONY 彩色监视器的技术数据，见表 2-18。

SONY 彩色监视器的技术数据　　　　表 2-18

项目	性　能	技　术　特　性	
		PVM-20N2E/20N1E/PVM-20N2A/20N1A	PVM·14N2E/14N1E/PVM-14N2A/14N1A
CRT 性能	CRT 类型	带 P-22 荧光体的 20 英寸显像管，图像中心清晰度达 500 电视线	带 P-22 荧光体的 14 英寸显像管，图像中心清晰度达 500 电视线
	色温	6500K	6500K
图像特性	正常扫描方式	7%过扫描	7%过扫描
	线性度	水平＜8%，垂直＜7%	水平＜8%，垂直＜7%

续表

项目	性能	技术特性	
		PVM-20N2E/20NIE/PVM-20N2A/20NA	PVM·14N2E/14NIE/PVM-14N2A/14NIA
输入特性 视频输入	线路 A	环通 BNC 插口 $1V_{p-p}{}^{+3dB}_{-6dB}$ 负极性同步，75Ω 终接阻抗自动设置，环通 mini DIN4 芯插口 Y：$1V_{p-p}{}^{+3dB}_{-6dB}$ 负极性同步，75Ω 终接阻抗自动设置 C：$0.3V_{p-p}$（PAL）或 $0.286V_{p-p}$（NTSC） 75Ω 终接阻抗自动设置	与 PVM-20N2E/20N1E/PVM-20N2A/20N1A 相同
	线路 B	BNC 插口 $1V_{p-p}{}^{+3dB}_{-6dB}$ 负极性同步，75Ω miniDIN 4 芯插口 Y：$1V_{p-p}{}^{+3dB}_{-6dB}$ 负极性同步，75Ω C：$0.3V_{p-p}$（PAL）或 $0.286V_{p-p}$（NTSC）75Ω	与 PVM-20N2E/20N1E/PVM-20N2A/20N1A 相同
	RGB/同步（用于 PVM-20N2E/14N2E/PVM-20N2A/14N2A）	BNC 插口 R/G/B/同步接 G：$07V_{p-p}{}^{+3dB}_{-6dB}$，75Ω/$0.3V_{p-p}$ + 6dB，75Ω 同步：$4V_{p-p}$ ± 6dB，75Ω	与 PVM-20N2E/20N1E/PVM-20N2A/20N1A 相同
	频宁响应	6MHz ± 3dB	6MHz ± 3dB
音频输入	线路 A	环通 phono-5dBu 高阻抗	环通 phono-5dBu 高阻抗
	线路 B	phono-5dBu 高阻抗	phono-5dBu 高阻抗
	RGB/同步 用于 PVM-20N2E/14N2E/PVM20N2A/14N2A	PHONO-5dBu 高阻抗	PHONO-5dBu 高阻抗
	遥控	phono 插口（X1）	phono 插口（X1）

77

续表

项目	性能	技术特性	
		PVM-20N2E/20N1E/PVM-20N2A/20N1A	PVM·14N2E/14N1E/PVM-14N2A/14N1A
其他	彩色制式	可自动选择	可自动选择
	所需电源	AC 100~240V，50/60Hz	AC100~240V，50/60Hz
	功率消耗	105W	80W
	尺寸	449×441×502（mm）	346×340×414（mm）
	重量	28kg	15kg

4．液晶显示器和图像的数字化

（1）液晶显示器（Liquid Crystal Display 简称 LCD）

显示管是监视器和各种电视的关键部件。传统方式均采用显像管，是一种阴极射线管（Cathode Ray Tube 简称 CRT），显像管由电子枪、偏转线圈、荫罩、荧光屏和玻璃外壳等几部分组成。在显示时，电子枪发出电子光束，电子束穿过荫罩上的小孔，打在涂满三原色荧光粉的内层玻璃上（指彩色系统），使荧光粉在电子束的作用下发出不同强度的三原色，形成图像画面。

液晶显示器是一种受光型显示器，包括两片玻璃材料，以及玻璃中所夹的液晶层。在显示图像时，通过控制液晶分子的扭向，从而产生不同的阻隔光线的透明度，达到显示图像的效果。

目前，CRT 显示器价格较低，但是 LCD 显示器具有低功耗、重量轻、体积小，适于大规模集成电路直接驱动，容易实现全彩色显示，将代替各种阴极射线管的显像管，成为新的主流产品，在各种显示器中必将得到广泛的应用。

（2）图像的数字化

在显示屏上的光点，在我国使用的 PAL-D 制式中，按照屏面宽高比为 4:3 计算，1 帧画面的显像点数目为 575×4/3×575＝440833，并可用数字算出的结果来表示显示器的显示分辨率。采用数字压缩技术，对图像进行细化和量化，图像信息处理时，较低的频率采用较低的压缩率，反之对于较高的频率，则采用较高的压缩率。量化后的数据简化了信息的数据量，使用可变字长编码器对量化系数进行编码，再采用霍夫曼编码可以缩短平均编码信号的长度，霍夫曼编码是将短编码分配在出现次数较多的数据上，而将长编码安排在很少出现的数据上。视频数据信号数据流的排列，以及图像切片都十分重要。

编码和解码、模数转换在图像数字化中应用广泛。图像数字化、数码监视是监控系统的方向。

五、录像机

1. 概述

录像机是记录和重放装置，通过它可对摄像机传送来的视频信号进行实时记录，以备查用。和普通的家用录像机相比，闭路电视监控系统所用的录像机还有以下特殊的功能：

（1）记录时间。家用录像机的录像时间一般为 3h，最多不超过 6h（以 LP 方式）。闭路电视监控系统中使用的专用录像机（时滞录像机）录像时间最多可达 960h，放像时可以以快速和静止等方式进行。

（2）报警输入及报警自动录像。时滞录像机录像时间长，但采用的是间隔录像，即只记录特定时间内的状态录像，这样会造成重要画面遗漏而影响安全。有了报警输入及报警自动录像功能，当录像机接收到报警器传来的报警信号时，录像机由时滞录像方式自动转换到标准录像方式，或者由停止状态直接启动进入标准录像方式。保证了在报警状态下所记录的视频图像的完整，而且录像机还有将报警信号输出到报警联动装置上的功能。

（3）自动循环录像。时滞录像机具有录像带用完后能自动倒带并在倒带后重新录像的功能，这种功能在实际应用中非常重要。在有些场合，并不需要把所有的录像资料都保存起来，而只是保存一定的时间，在录像资料保存时间范围内如果发生了什么事件的话，可将其交给有关方面进行处理。利用录像机的自动循环录像功能可自动实现此种要求（选用的录像机的录像时间应符合要求），同时也省却了定期更换磁带的麻烦。

(4) 时间字符叠加。为了对录像机记录的内容所发生的时间加以确认，为复查提供方便，通常要求录像机具有时间字符叠加功能，这样可以将视频图像及相应的时间同时记录到录像带上。

(5) 电源中断后仍可自动重新记录。这个功能对时滞录像机非常重要。因为在应用中不可避免地会出突然断电的情况，断电恢复后，录像机能够自动恢复录像功能。普通的家用录像机则无此功能。

除了使用专用的录像机作为闭路电视监控系统中的视频记录手段外，还可将视频图像以数字的方式记录在计算机的硬盘里并能将选定的图像重放出来。

数字记录图像可以用不压缩或压缩的文件方式存储。即使采用压缩，图像的质量也几乎无损失，而且可以直接检索。压缩比可调，这样就为用户提供了选择：或者选较高的图像质量，但图像文件占用空间较大；或者选略低的图像质量，但图像文件占用空间较小，因而可以存入较多的图像。

数字记录的另一个优点是可以调整重放图像的对比度，亮度，色饱和度而不影响原始信息。图像也可以用激光打印机打印出来，打印的图像质量保持记录时的高水准，几乎任何型号的标准激光打印机都适用，图像文件可以存入软盘或其他媒体（CD、光盘等，你的计算机若能支持它们的话）。计算机若接了调制解调器，还可以将图像直接传真出去，不必先复印一遍，那样会降低图像质量。

用计算机硬盘存储图像为观察和监视系统提供了一种稳定可靠的新手段。计算机的硬盘是一种"无损"的记录介质，就是说无论存入多少图像或写入多少文件其质量都不会降低。

2. 长时间录像机

长时间录像机是用一盘 180min 录像带记录 8h 以上的监控图像，最长记录时间可长达 960h，常用 24h 机型。

长时间录像机分时滞式（间歇录像方式）和实时式两种。时滞式因有时间间隔而可能漏录案发图像，而且回放时因影像的不连续感而影响效果。实时式录像机回放时画面动作连续可观，能完整捕捉报警事件。

长时间录像机有间歇录像方式和实时录像方式两种。主要是清晰度、功耗、时时设定有区别，另外在其他功能方面有较大的差别。

其性能的比较，见表2-19和表2-20。

24h 长时间录像机（间歇录像方式） 表2-19

	品牌型号	JVC SR-L900U	东芝 KV-5214F	松下 AG-6124	日立 VT-L1000A	三菱 HS-5424UA	维康（VICON）VCR402
性能规格	磁头数	4	2	4	4	4	4
	清晰度	240线	300线	240线	240线	240线	300线
	功耗(W)	14W	18W	18W	19W	24W	25W
	时时设定(h)	2、6、24	2、12、24	2、6、12、24	3、12、24	2、6、14、24、28	2、6、12、24
功能设定	报警	有	有	有	有	有	有
	自动录像	有	有	有	有	有	有
	画面暂停	有	有	有	有	有	有
	慢动作播放	有	有	有	有	有	有
与其他品牌兼容		可	不可	可	—	可	可
其他功能		1. 键控锁定功能；2. 慢动作连续放像非格放，可进退播放；3. 停电可记忆保留一年	1. 暂停画面，无噪声干扰；2. 一周内可预定三组录像功能；3. 内存时间产生器，可调	1. 报警搜索与呼叫功能；2. 事件录像功能，2组程序录像；3. 双重锁定录像功能	1. 自动检测与自动清洗磁头；2. 4路BNC输入，自动切换开关循环功能；3. 停电后可储存一周	1. 自动清洗磁头；2. 自动检索方式；3. 多种录放功能，4.7d录像储存	1. 报警记录时间：15、30、45s和1、2、5、10min；2. 停电储存保留7d

24h 长时间录像机(实时录像方式)　　　　　表 2-20

品牌型号		JVC SR-L901U	东芝 KV-7024A	松下 AG-RT600	三洋 SRT-500	三菱 HS-5440U	索尼 SVT-100
性能规格	磁头数	4	2	4	4	4	4
	清晰度	230线	300线	230线	230线	230线	240线
	功耗(W)	18	18	18	24	24	18
	时时设定(h)	6、8、18、24	2、6、12、18、24	8、12、24、40	8、24	2、8、24、40	2、12、24
功能设定	报警	有	有	有	有	有	有
	自动录像	有	有	有	有	有	有
	画面暂停	有	有	有	有	有	有
	慢动作播放	有	有	有	有	有	有
与其他品牌播兼容		可	不可	可	—	可	可
其他功能		1. 键控锁定功能 2. 慢动作连续放像非格放,可进退播放 3. 停电记忆一年 4. 24h 模式可录音	1. 录像检测,自动磁带剩余量检测 2. 具有 RS-232、422、485 控制状态,T-160 录像带可录至 32h,可快速倒带	1. 24h 录像可录 20 场 2. 重录功能,荧光屏显示次数 3. 报警时可从长时间转为 8h 档	停电保护一个月	1. 停电可保持一年 2. 磁头使用时间显示 3. 配上 8 画面处理器,24h 模式时每秒 2.5 画面	1. 具有报警录像装置 2. 停电保护 7 天

VT-R-1040、VT-R-1050、VT-R-1060 型录像机的技术数据,见表 2-21 ~ 表 2-23。

VT-R-1040 型长途时录像机的技术数据　　　　　表 2-21

录像带速度	最长录像时间		每秒录像数量	声音记录	磁头运转模式
	E-180	E-90			
03	3	1.5	50	可以	连续运转
12	15	7.5	10		连续慢速运转
24	27	13.5	5.6		

续表

录像带速度	最长录像时间		每秒录像数量	声音记录	磁头运转模式
	E-180	E-90			
48	51	23.5	2.9	不可以	间隙运转
168	171	85.5	0.88		
480	483	241.5	0.31		
720	723	361.5	0.21		
960	963	481.5	0.16		

VT-R-1050 型实时录像机的技术数据　　表 2-22

录像带速度	最长录像时间		每秒录像数量	声音记录	磁头运转模式
	E-180	E-90			
09	9	4.5	50	可以	连续运转
27	27	13.5	16.7		连续慢速运转

VT-R-1060 型延时录像机的技术数据　　表 2-23

录像带速度	最长录像时间		每秒录像数量	声音记录	磁头运转模式
	E-180	E-90			
03	3	1.5	50	可以	连续运转
12	5	7.5	10		连续慢速运转
24	27	13.5	5.6		

VT-R-1040、VT-R-1050、VT-R-1060 录像机的消耗功率等技术数据，见表 2-24。

常用录像机的其他技术数据　　表 2-24

性能 \ 型号	VT-R-1040	VT-R-1050	VT-R-1060
	技　术　数　据		
电源电压	AC220~240V，50Hz	AC220~240V，50Hz	AC220~240V，50Hz
消耗功率	23W	23W	23W
录像时间	3、12、24、48、72、120、168、240、360、480、600、720、960 小时状态	9、27 小时状态	3、12、24 小时状态

续表

型号 性能	VT-R-1040	VT-R-1050	VT-R-1060
	技 术 数 据		
回放放像时间	3、A12、A24、24、48、72、120、168、240、360、480、600、720、960小时状态	9、27小时状态	3、A12、A24、24小时状态
报警录像时间	5s、15s、30s、1m、3m、手动	5s、15s、30s、1m、3m、手动	5s、15s、30s、1m、3m、手动
报警录像状态	3、12、24小时状态	9、27小时状态	3、12、24小时状态
快进/快倒时间	约2.5min（使用E-180时）	约2.5min（使用E-180时）	约2.5min（使用E-180时）
图像快速检索	3小时状态的3、5、7、9倍	3小时状态的3、5、7、9倍	3小时状态的3、5、7、9倍

第七节 监控中心系统集成及设计

一、监控中心

监控中心室是整个闭路电视监控系统的总监控室，通常有人24h值班，是整个监控系统的核心。

1. 监控中心的功能

监控中心应有如下功能：

（1）统一供给摄像机、监视器及其他设备所需的电源，并由监控室操作通断；

（2）输出各种遥控信号，对摄像机的各种动作进行遥控，包括遥控镜头的焦距、聚焦、光圈，云台的水平、垂直方向动作，摄像机的电源以及摄像机防护外套的除霜、雨刷等；

(3) 接收各种报警信号;
(4) 配有视频分配放大器,能同时输出多路视频信号;
(5) 对视频信号进行时序或手动切换;
(6) 具有时间、编号字符显示装置;
(7) 监视和录像;
(8) 内外通信联络等。

2. 监控中心的设计

监控中心的设计应满足有关国家标准和规程的要求,并应满足监控系统所应有功能要求,施工方便,合理布局,使用合理,操作简便,尽可能降低成本。所应考虑的具体因素如下:

(1) 监控室面积一般为 12~50m^2。室内温度宜为 16~28℃,相对湿度宜为 40%~65%。环境噪声应较小,并有必要的安全和消防设施。

(2) 电源线与容易受干扰的信号传输线应尽量避免平行走线或交叉敷设,若无法避免,一定要平行时,最好相隔 1m 以上。若采用穿钢管敷设,则传输线与电力线的间距也不得小于 0.3m。

(3) CCTV 系统应由可靠的交流电源回路单独供电,配电设备应设有明显标志。

(4) 宾馆、酒店的 CCTV 系统供电电源应采用 220V、50Hz±1Hz 的单相交流电源。电压偏移允许 ±10%,超过此范围时,应设电源稳压装置。交流稳压的标称功率一般不得小于系统使用功率的 1.5 倍。

(5) 室内的明装线一律用线卡固定,同轴电缆的屏蔽层必须与机壳或对地接触良好。电缆的弯曲半径应大于电缆外径的 15 倍。

(6) 整个系统接地宜采用一点接地方式,接地母线应采用铜芯导线,接地电阻不得大于 4Ω,当系统采用共同接地网时,其接地电阻不得大于 1Ω。

(7) 摄像机应由监控室引专线集中供电。对离监控室较远的摄像机统一供电确有困难时,也可就近解决,但必须与监控室为同相的可靠电源，并由监控室操作通断。

(8) 在视频传输系统，为防止电磁干扰，视频电缆宜穿金属管或用金属桥架敷设。室内线路敷设原则与 CATV 系统基本相同。通常，对摄像机、监控点不多的小系统，宜采用暗管或线槽敷设方式。摄像机、监控点较多的小系统，宜采用电缆桥架敷设方式，并应按出线顺序排列线位，绘制电缆排列断面图。监控室内布线，宜以地槽敷设为主，也可采用电缆桥架，特大系统宜采用活动地板。

在监控中心的设计中，应特别重视显示、记录和切换装置的选择，这一部分应考虑的事项和具体要求如下：

(1) 安全防范电视监视系统至少应有两台监视器，一台做切换固定监视用，另一台做时序监视用。监视器宜采用 23~51cm 屏幕的监视器。

(2) 黑白监视器的水平清晰度应大于 600 线，彩色监视器的水平清晰度应大于 300 线。

根据用户需要，可采用电视接收机作监视器，有特殊要求时，可采用大屏幕监视器或投影电视。

在同一系统中，录像机的控制方式和磁带规格宜一致，录像机的输入、输出信号应与整个系统的技术指标相适应。

(3) 视频切换控制器应能手动或自动编程，对摄像机的各种动作进行程控，并能将所有视频信号在指定的监视器上进行固定或时序显示。视频图像上宜叠加摄像机号、地址、时间等字符。

(4) 电视监控系统中应有与报警控制器联网接口的视频切换控制器，报警发生时切换出相应部位的摄像机图像，并能记录和重放。当市电中断或关机时，具有存储功能的视频切换控制器，对所有编程设置、摄像机号、时间、地址等均可保持。

(5) 视频信号应作多路分配使用。一般分为三路：一路分组监视，一路录像监视，一路备份输出。实行分组监视时，应考虑下列因素和进行合理编组：

1) 区别轻重缓急，保证重点部位；

2）忙闲适当搭配；

3）照顾图像的同类型和连续性；

4）同一组内监视目标的照度不宜相差过大。

实行分组监视时，摄像机与监视器之间应有恰当的比例。主要出入口、电梯等需要重点观察的部位不大于 2∶1，其他部位不大于 6∶1，平均不超过 4∶1。

（6）大型综合安全消防系统需多点或多级控制时，宜采用多媒体技术，做到文字信息、图表、图像和系统操作在一台 PC 机上完成。

3．监控中心的配置和布局

（1）监控中心的配置

监控中心的配置应根据设计进行，举例说明，如采用美国 AD 公司的配置如下：

1）配置 AD1650B 主机一台，为配有 AD2078 主控键盘、AD1580/16 彩色十六画面处理器、AD1690 控制码分配器、AD2031 音频切换器、录像机、监视器及相关的交、直流电源构成完整的机房控制系统。

2）系统配置摄像机 60 台，其中包括带云台、变焦镜头的摄像机 20 台，电梯内及主要出入口设置固定式摄像机 40 台。

3）为了维护方便，云台控制的解码箱及摄像机电源配套，安装在每层配电间内，广场摄像机所用的解码箱及摄像机电源安装在机房机柜内。

4）配置长时间录像机及标准录像机各一台，可以选择使用，也可以同时使用，使系统录像操作更灵活、方便。

5）声音监听选用有源监听话筒，通过长时录像机作预放大，由有源音箱放音。

6）监控中心配置 10 台监视器，均有 A/B 输入可供选择，其中 M6B 为标准录像机输出；M7B 为十六画面编程监视器；M8B 为十六画面的主监视器；M9B 为长时录像机输出；M10B 为 AD1650B 系统编程用监视器。监控系统图见图 2-32。

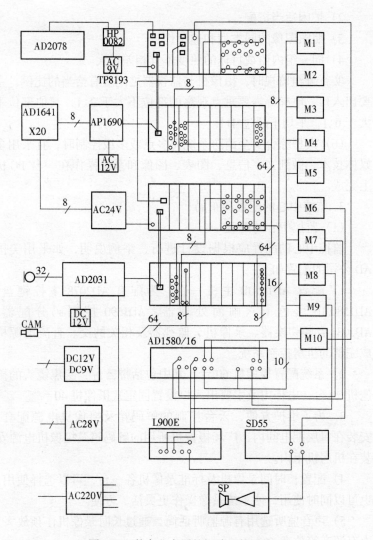

图 2-32 某商业大厦的闭路监控系统图

(2) 监控中心的布局

1) 控制台。控制台有多种形式,如平面的和弧形的,见图 2-33。

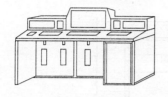 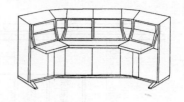

图 2-33 控制台的形式

2）监视器的布置。监视器应在监视器柜上作合理的布置，视监视器数量的不同作合理的布局，见图 2-34。

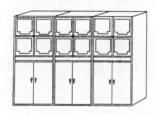 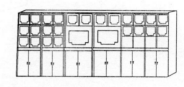

图 2-34 监视器布置

控制台和监视器柜之间的距离，视监视器屏幕尺寸的大小选择合理的距离，见表 2-25。

监视器屏幕尺寸与可供观看的最佳距离　　　　表 2-25

监视器规格（对角线）		屏幕标称尺寸		可供观看的最佳距离	
（cm）	（英寸）	宽（cm）	高（cm）	最小观看距离(m)	最大观看距离（m）
23	9	18.4	13.8	0.92	1.6
31	12	24.8	18.6	1.22	2.2
35	14	28.0	21.0	1.42	2.5
43	17	34.4	25.8	1.72	3.0
47	18	37.6	28.2	1.83	3.2
51	20	40.8	30.6	2.04	3.6

3）监控中心室内控制台和监视器柜应保持适当的距离，并考虑布线、电源的方便、可靠。监控室内的设备布置见图 2-35。

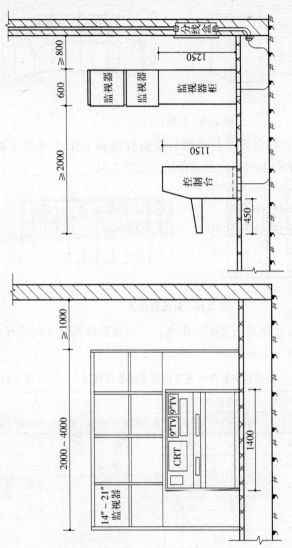

图 2-35 监控室的设置布置

注：1. 控制室供电容量约 3～5kVA。
2. 控制室内应设接地端子。
3. 图中尺寸仅供参考，单位 mm。

二、集成控制系统

在大中型闭路电视监控系统中要用到集成控制系统。集成控制系统是大中型闭路电视监控系统的核心部分，设备组成一般包括主控器（主控键盘）、分控器（分控键盘）、视频矩阵切换器、音频矩阵切换器、报警控制器及解码器等。其中主控器和视频矩阵切换器是系统中必须具有的设备，通常将它们集中为一体。集成控制系统和前面介绍的设备组合起来就成为了一个完整的闭路电视监控系统。

（一）系统主机

系统主机是闭路电视监控系统的核心。多为插卡式箱体，内有电源装置，插有一块含微处理器的CPU板、数量不等的视频输入板、视频输出板、报警接口板等，有众多的视频BNC接插座、控制连线插座及操作键盘插座等。具备的主要功能有：

（1）接收各种视频装置的图像输入，并根据操作键盘的控制将它们有序地切换到相应的监视器上供显示或记录，完成视频矩阵切换功能，编制视频信号的自动切换顺序和间隔时间。

（2）以键盘输入操作指令，来控制云台的上下、左右转动，镜头的变倍、调焦、光圈及室外防护罩的雨刷动作。

（3）键盘有口令输入功能，可防止未授权者非法使用本系统，多个键盘之间有优先等级安排。

（4）对系统运行步骤可以进行编程，有数量不等的编程程序可供使用，可以按时间来触发运行所需程序。

（5）有一定数量的报警输入和继电器触点输出端，可接收报警信号输入和端接控制输出。

（6）有字符发生器可在屏幕上生成日期、时间及摄像机号等信息。

（7）系统主机上还有与计算机的接口。

其结构如图2-36所示。

1）微处理器（CPU）。它是系统的核心，工作中不停地对主

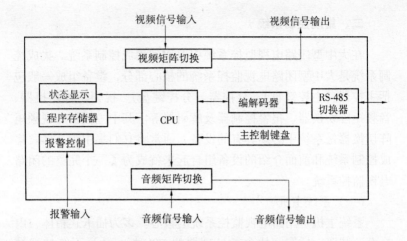

图 2-36 集成监控系统主机结构

控键盘及编码器接口进行扫描,以查询主键盘及分控键盘的控制状态。当扫描到有动作指令从主控键盘或分控键盘发出时,CPU接收指令并控制相应设备动作。

2) 视频矩阵切换。其实质就是由微处理器(CPU)控制的矩阵切换器。它接收由微处理器(CPU)发出的指令,来接通指定通道的视频信号,同时将其从指定的输出口输出。如果系统有音频系统,则可将音频输入输出信号接到相应的音频输入输出接口,音频信号和视频信号能实现同步切换。

3) 控制键盘。控制键盘是集成监控系统的必选设备。它内含微处理器(CPU)、编码器、状态显示器、数据收发器、程序存储器等,与系统主机相连。用于控制系统中视频信号的切换(有音频信号时可实现同步切换)及实现对摄像机电动镜头与云台等的全方位控制。它分为主控制键盘和分控制键盘两种。

①主控键盘。设置于主控室内,有通信线和系统主机直接相连。有些设备则将其与系统主机做在一起。

②分控键盘。设置于主控室之外,控制功能和主键盘相同,利用它可实现对系统的多点控制。为避免各分控键盘及主控键盘

在操作时造成指令上的冲突，应设立优先级。

4) 报警控制。接收报警信号的输入并将其送到主机的微处理器，由微处理器发出指令控制相应的设备动作。

5) 编解码器。将主机微处理器发出的指令进行编码，再将编码后的指令由总线送出，或将接收到的编码指令进行解码，解码后再将恢复的指令传送到主机的微处理器，由微处理器再做进一步的处理。

6) 状态显示。用数码管显示输入和输出状态，便于工作人员了解系统的工作状态。

(二) 监控系统的集成

集成监控系统中，系统主机和各种摄像机、监视器、电动云台、录像机等设备集合起来，可以组成闭路电视监控系统。系统结构图如图 2-37 所示。

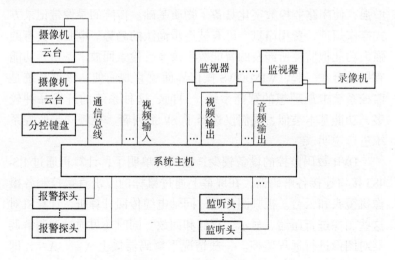

图 2-37　集成闭路电视监控系统

分控键盘经内部的编码器编码后将其发出的动作指令传送到主机的微处理器，再由微处理器向相应的控制电路发出控制指令信号。

系统中云台、电动镜头及防护罩等设备的控制线路经解码器接到系统的通信总线，接收系统主机的控制指令，完成相应的动作。摄像机所拍摄的视频图像经视频输入送到系统主机内的视频矩阵切换，对应的由监听头传来的音频信号送入到音频矩阵切换，按照系统主机发出的控制指令从相应的输出口输出到监视器。

报警探头、门磁开关、脚踏开关、紧急按钮等报警设施发出的报警信号可由报警输入接口送入到系统主机，再由主机发出一系列的联动指令。

（三）计算机控制的监控系统

1．DVR 计算机数字视频监控系统简介

计算机的飞速发展为闭路电视监控系统注入了新的活力，特别是近两年来，计算机性价比的大幅提升和其对图像处理能力的增强，使闭路监控数字化具备了物质基础。传统的录像带记录方式操作烦琐，费用昂贵，已有被逐步淘汰的趋势。电脑所具有的强大功能把监控所涉及的智能数字录像、检索回放、备份等功能有机结合在一起，WINDOWS 操作界面更直观简便，该种系统是监控系统中最理想的智能系统。目前，这种系统的开发品种较多，功能基本类似，我们仅选择了 SV 系列音、视频同步监控系统进行说明。

DVR 数码监控的设备较少，接线简单明了，计算机通过 RS-485 接口连接各解码器，在屏幕上通过鼠标的点击直接控制各摄像机镜头和云台。视频图像通过同轴电缆传回计算机，计算机对这些图像进行压缩、显示、存储和回放。同时还可通过调制解调器对图像进行远程监控。一般情况下解码器接上 A+、A-，即通信口接串口的 2 脚和 3 脚，地为 5 脚。其他接线和传统监控系统相同。

2．DVR 的主要特征

网络化数字监控系统的 SV 系列，采用硬件压缩方式，实时采集音频源，压缩成标准的 MPEG 文件并进行存储，它的主要特征有以下几方面：

（1）画面分割任意调换，可四画面、九画面和十六画面实时显示，画面连续，解决了多画面处理器不能显示动画图像的缺点；

（2）简单。利用鼠标在监控和设置画面上进行设置，方便直观，易于掌握；

（3）可以对每个摄像头定义长时录像、定时录像、手动录像和报警录像等方式，并设定图像压缩比例，每路 2~10h/G 可选，通常设为 4~5h/G；

（4）每个监控画面可设定灵敏度可调的报警区域，如有目标进入该区域即可报警并启动录像；

（5）大容量硬盘的图像记录，随着大容量硬盘的飞速发展，目前主流的 80G 还将被更大容量的硬盘取代，一般的配置采用四块硬盘，可连续记录一个月的图像，并可循环记录；

（6）清晰的图像显示。计算机的显示器已得到长足的发展，显示器的点距可以达到 0.23、0.20。扫描频率可设置为 85Hz 甚至 100Hz 以上，颜色为 32 位真彩色，屏幕可设为 1600×1024 甚至更高（如果带宽和扫描频率允许），而这些指标有监视器无法比拟的优越性；

（7）通过 LAN、INTERNET 实现网络传输和监控，并可直接抓图并扫描图像，为操作者提供极大的便利；

（8）支持多种备份方式，如支持扩展硬盘及热插拔硬盘 CD—RW 和 DVD—RW 的备份方式；

（9）大的客户端功能，利用局域网授权客户可对系统进行控制。

DRV 数字视频监控系统 SV 系列产品的比较，见表 2-26。

计算机化的监控系统虽然有着传统电视监控系统无法比拟的优越性，但是计算机的先天缺点也毫无保留地带入了监控系统。在安装时，对外部设备如解码器、电源等要严格检查测试有无异常电压，如有的解码器故障导致通信端口带高压而烧毁电脑。

DRV 数字视频监控系统 SV 系列产品的比较   表 2-26

	4400SV	4600SV	4800SV	5000SV	5200SV	5400SV	5600SV
视频输入通道	四路	六路	八路	十路	十二路	十四路	十六路
音频输入通道	1~4	1~6	1~8	1~10	1~12	1~14	1~16
录像总资源	100 帧/秒	150 帧/秒	200 帧/秒	250 帧/秒	300 帧/秒	350 帧/秒	400 帧/秒
压缩方式	MPEG1						
多工功能	录像、放像、显示和网络 四工同步操作						
报警记录	视频丢失报警和报警历史事件记录						
存储介质	硬盘 DVD-RAM FDD DAT						
图像分辨率	728×384 384×288 192×144						
录像模式	定时录像、视频移动报警录像、报警触发录像、长时录像						
检索方式	按日期、时间、摄像头编号、文件名等多种方式查询						
报警输出/人数	两路/八路						
网络传输	LAN INTERNET						
系统平台	WINNT WORKSTATION4.0						
监视速度	全实时						

第八节 闭路电视监控系统的施工要求和使用维护

一、闭路电视监控系统工程施工要求

(一)一般要求

(1) 施工现场必须设一名现场工程师以指导施工进行,并协同建设单位做好隐蔽工程的检测与验收。

(2) 闭路电视监控系统工程施工前应具备下列图纸资料:

1）系统原理及系统连接图；
2）设备安装要求及安装图；
3）中心控制室的设计及设备布置图；
4）管线要求及管线敷设图。

(3) 电视监控系统施工应按设计图纸进行，不得随意更改。确需更改原设计图纸时，应按程序进行审批，审批文件（通知单等）经双方授权人签字，方可实施。

(4) 电视监控系统工程竣工时，施工单位提交下列图纸资料：
1）施工前所接的全部图纸资料；
2）工程竣工图；
3）设计更改文件。

(二) 电缆敷设要求

(1) 必须按图纸设计进行敷设，施工质量应符合电力工程电缆设计规范的要求。

(2) 施工所需的仪器设备、工具及施工材料应提前准备就绪，施工现场有障碍物时应提前清除。根据设计图纸要求，选配电缆尽量避免电缆的接续，必须接续时，应采取焊接方式或采用专用接插件。电源电缆与信号电缆应分开敷设。

(3) 敷设电缆时应尽量避开恶劣环境，如高温热源和化学腐蚀区域等。应远离高压线或大电流电缆，不易避开时应各自穿配金属管，以防干扰。随建筑物施工同步敷设电缆时，应将管线敷设在建筑物体结构内，并按建筑设计规范选用管线材料及敷设方式。有强电磁场干扰环境（如电台、电视台附近）应将电缆穿入金属管，并尽可能埋入地下。在电磁场干扰很小的情况下，可使用PVC阻燃管。

(4) 电缆穿管前应将管内积水、杂物清除干净，穿线时宜涂抹黄油或滑石粉，进入管口的电缆应保持平直，管内电缆不能有接头和扭结，穿好后应做防潮、防腐等处理。管线两固定点之间距离不得超过1.5m。电缆应从所接设备下部穿出，并留出一定余量。在地沟或天花板内敷设的电缆，必须穿管（视具体情况选用金属管或 PVC 阻燃管），并固定在墙上。在电缆端应作好标志和编号。

（三）光缆敷设的要求

（1）敷设光缆前，应检查光纤有无断点、压痕等损伤，根据施工图纸选配光缆长度，配盘时应使接头避开河沟、交通要道和其他障碍物。光缆的弯曲半径不应小于光缆外径的 20 倍，光缆可用牵引机牵引，端头应作好技术处理，牵引力应加在加强芯上，牵引力大小不应超过 150kg，牵引速度宜为 10m/min，一次牵引长度不宜超过 1km。

（2）光缆接头的预留长度不应小于 8m。光缆敷设一段后，应检查光缆有无损伤，并对光缆敷设损耗进行抽测，确认无损伤时，再进行接续。

（3）光缆接续应由受过专门训练的人员操作，接续时，应用光功率计或其他仪器进行监视，使接续损耗最小，接续后应做接续保护，并安装好光缆接头护套。光缆端头应用塑料胶带包扎，盘成圈置于光缆预留盒中，预留盒应固定在电杆上，地下光缆引上电杆，必须穿入金属管。

（4）光缆敷设完毕时，需测量通道的总损耗，并用光时域反射计观察光纤通道全程波导衰减特性曲线。光缆的接续点和终端应作永久性标志。

（四）前端设备的安装要求

1. 一般要求

应按安装图纸进行安装，安装前应对所安装的设备进行通电检查，安装质量应符合电气装置安装工程验收规范的要求。

2. 支架、云台的安装要求

（1）应检查云台转动是否平稳、刹车是否有回程等现象，确认无误后，根据设计要求锁定云台转动的起点和终点。

（2）支架与建筑物、支架与云台均应牢固安装。所接电源及控制线接出端应固定，且留有一定的余量，以不影响云台的转动为宜。安装高度以满足防范要求为原则。

3. 解码器的安装要求

解码器应牢固地安装在建筑物上，不能倾斜，不能影响云台（摄像机）的转动。

4. 摄像机的安装要求。

（1）摄像机安装前应进行检测和调整，保证摄像机处于正常工作状态。应将摄像机牢固地安装在云台上，所留尾线长度应不影响云台、摄像机的转动，并对尾线采取保护措施。

（2）应尽量避免摄像机转动过程产生逆光摄像；室外摄像机若明显高于周围建筑物时，应加避雷措施；在搬动、安装摄像机过程中，不得打开摄像机镜头盖。

（五）中心控制设备的安装要求

1. 监视器的安装要求

监视器应端正、平稳地安装在监视器机柜（架）上，并应有良好的通风散热环境。主监视器距监控人员的距离应为主监视器荧光屏对角线长度的 4~6 倍。应避免日光或人工光源直射荧光屏，荧光表面背景光照度不得高于 100lx。监视器机柜（架）的背面与侧面距离不应小于 0.8m。

2. 控制设备的安装要求

控制台应端正、平稳安装，机柜内设备应安装牢固，安装所用的螺钉、垫片、弹簧垫圈等均应按要求装好，不应遗漏。控制台或机架柜内插件设备均应接触可靠，安装牢固，无扭曲、脱落现象。

监控室内的所有引线均应根据监视器、控制设备的位置设置电缆槽和进线孔。所有引线在与设备连接时，均应留有余量，并做永久性标志。

（六）供电与接地要求

（1）应测量所有的接地极电阻，若达不到要求时，应采取降低接地电阻的措施，如换土、对土壤进行化学处理、利用长效降阻剂、深埋接地体、污水引入、深井接地、利用水和与水接触的钢筋混凝土作为流散介质等。长效降阻剂是由几种物质配制而成的化学降阻剂，具有导电性能良好的强电解质和水分。这些强电解质和水分被网状胶体所包围，网状胶体的空格又被部分水解的胶体所填充，使它不至于随地下水和雨水而流失，因而能长期保持良好的导电作用。

（2）在中性点接地系统中，不允许一些设备接零，而另一些设备接地；在中性点不接地的系统中，有电联系的设备保护接地要求连在一起；在中性点接地系统保护中，零线不准断线；保护接零只能用于中性点直接接地系统；不能用保护接地装置作为中性线。

（3）系统的防雷接地安装，应严格按设计要求施工。接地安装应配合土建施工同时进行。

（七）电视监控系统的调试要求

1. 一般要求

（1）电视监控系统的调试应在建筑物内装修和系统施工竣工后进行。调试前应具备施工时的图纸资料和设计变更文件以及隐蔽工程的检测与验收资料等。

（2）调试负责人必须具有中级以上相关专业技术职称，并由熟悉该系统的工程技术人员担任。应具备调试所用的仪器设备，且这些设备符合计量要求。应检查施工质量，做好与施工队伍的交接。

2. 调试前的准备工作

调试前的准备有：电源检测、线路检查和接地电阻测量三部分工作。

（1）电源检测：接通控制台的总电源开关，检测交流电源电压；检查稳压电源上电压表读数；合上分电源开关，检测各输出端电压，直流输出极性等，确认无误后，再给每一回路通电。

（2）线路检查：应检查各种接线是否正确。用250V兆欧表对控制电缆进行测量，线芯与线芯、线芯与地绝缘电阻不应小于0.5MΩ；用500V兆欧表对电源电缆进行测量，其线芯间、线芯与地间绝缘电阻不应小于 0.5MΩ。

（3）接地电阻的测量：监控系统中的金属护管、电缆桥架、金属线槽、配线钢管和各种设备的金属外壳均应与地连接，保证可靠的电气通路。系统接地电阻应小于 4Ω。

3. 摄像机的调试

当闭合控制台、监视器电源开关后，设备指示灯亮，即可闭合摄像机电源，监视器屏幕上便会显示图像。调节光圈（电动光圈镜头）及聚焦，使图像清晰。改变变焦镜头的焦距，此时应观察变焦过程中图像的清晰度。遥控云台，如果摄像机静止和旋转过程中的图像清晰度变化不大时，则认为摄像机工作正常。

4. 云台的调试

遥控云台，使其上下、左右转动到位。若转动过程中无噪声（噪声应小于 50dB）、无抖动现象、电机不发热，则认为正常。在云台大幅度转动时，如遇以下情况，应及时处理。

（1）摄像机、云台的尾线被拉紧。

（2）转动过程中有阻挡物，如：解码器、对讲器、探测器等是否阻挡了摄像机转动。

（3）重点监视部位有逆光摄像情况。

5. 系统调试

（1）系统调试工作应在单机设备调试完毕后进行，调试时对每台摄像机应按设计图纸进行编号。应用综合测试卡测量系统水平清晰度和灰度。并应检查系统的录像质量。系统质量指标见表 2-27 和表 2-28。

宾馆 CCTV 系统的技术指标　　　　表 2-27

指　标　项　目	指　标　值	指　标　项　目	指　标　值
复合视频信号幅度	$1V_{pp} \pm 3dB$　VBS（注）	灰　度	8 级
黑白电视水平清晰度	≥400 线	信噪比	
彩色电视水平清晰度	≥270 线		

注：VBS 为图像信号、消隐脉冲和同步脉冲组成的全电视信号的英文缩写代号。

信 噪 比（dB） 表 2-28

指标项目	黑白电视系统	彩色电视系统	达不到指标时引起的现象
随机信噪比	37	36	画面噪波，即"雪花干扰"
单频干扰	40	37	图像中纵、斜、人字形或波浪状的条纹，即"网纹"
电源干扰	40	37	图像中上下移动的黑白间置的水平横条，即"黑白滚道"
脉冲干扰	37	31	图像中不规则的闪烁、黑白麻点或"跳动"

（2）在现场情况允许和建设单位同意的情况下，改变灯光的位置和亮度，以提高图像质量，还应检查系统的联动性能。

（3）在系统各项指标均达到设计要求后，可将系统连续开机24h，若无异常现象，则调试结束。

（4）系统调试工作结束后，应编写调试报告和竣工报告。

二、闭路电视监控系统的使用和维护

（一）前端设备的使用和维护

闭路电视监控系统的前端设备包括：摄像机、镜头、云台、防护罩、控制解码器、支架等。使用者和操作者应详细阅读设备使用说明书，掌握其性能和使用方法以及注意事项。

1. 摄像机、镜头

操作云台旋转时，不能将摄像机停留在逆光摄像处。检查电压不能过低，否则会增加图像杂波，引起彩色失真。遇有风沙，或是空气过于混浊，室外系统清晰度必然下降，应作适当调节。应用软布轻轻擦拭摄像机上的灰尘或水蒸气。对于摄像机镜头上的灰尘，应使用镜头清洁剂、橡皮吹子、麂皮等专用物品进行清理，切忌擦镜片。

2. 云台、支架

（1）云台、摄像机、防护罩、射灯等都要由支架承担其重量,因此,安装不牢固时,可能会产生支架活动现象,在监视器上表现为图像的大幅度闪动或跳动,而有大的脉冲干扰时也会产生类似的现象,值班人员发现此种情况时,应及时报告有关人员进行修复和排除。

(2)云台转动的不平稳和刹车回程,在图上表现跳动,应加以排除,还应注意发现云台的噪声。摄像部分的连续随机信噪比规定为40dB。

3.解码器

解码器的作用是将操作人员的指令变换成电信号控制前端设备动作,遇有丢码现象应及时报告有关人员修复。

4.防护罩

(1)防护罩是保护摄像机的,有室内、室外之分,其功能为:保护摄像机免受冲击、碰撞、除尘、防潮、雨刷,还有自动温度调节作用,防护罩是密封结构,使用时不准随意自行拆卸。

(2)发现前端设备线头脱落应及时修复,不允许随意触摸前端设备。

(二)传输线路的检查与维护

使用者应经常检查电缆接头是否接触良好,特别是楼宇的最高层和最底层,电缆接头最容易损坏,如氧化变质等,视频电缆的损坏或变质会造成图像模糊不清,甚至无图像。控制电缆的故障会导致受控设备反应不灵敏甚至完全失控。例如老鼠经常出没的地方,传输线路容易遭到破坏,又如天花板内的传输电缆应经常检查,发现损坏应及时修复。

(三)终端设备的使用和维护

1.终端设备的使用

终端设备品种较多,比较集中,是闭路电视监控系统的主要设备,包括监视器、视频分配器、时间、日期、地址发生器、录像机、视频时序切换器、同步信号发生器、多画面分割器、控制键盘等。

(1)监视器

监视器有彩色与黑白之分，又各自分为专用监视器、监视/接收两用机和由电视机改成的监视器。

在规模较大的电视监控系统中，作为主要监视用的监视器，称为主监视器，它可以监视任意摄像机摄取的图像或进行时序显示，其特点是屏幕较大，清晰度较高，时序显示的时间、顺序均可人为设定，其使用和操作方法和电视机极其相似。

(2) 视频分配器

将一路视频输入信号分成多路同样的视频输出信号的装置，称为视频分配器。目前实际应用的视频分配器一般不止一路输入，而是多路输入和多路输出，其输入和输出路数用 $m \times n$ 表示。例如，1×4 表示一路输入，四路输出；2×8 则表示两路输入，每一路输入对应有 8 路输出，如此等等。

视频分配器在施工完毕后，一般不用操作，只有在改变分配方案时，才需重新接线。

(3) 时间、日期、地址发生器

产生时间和地址码的装置叫时间、日期、地址发生器。时间、日期、地址发生器所产生的时间和地址码与摄像机输出的视频信号迭加在监视器画面上，显示年、月、日、时、分、秒和所监视的区域。显示位置、字符大小、黑白极性等均可调整。使记录在磁带上的画面内容有时间和地址的参考数据，该设备也有单路和多路之分。

使用时间、日期、地址发生器给图像的识别和存档带来了很大方便。在使用时，通常只需供给电源，使其投入工作状态，并可对显示位置、字符大小以及记录日期、时间进行一次性的调整即可。

(4) 录像机

用来记录监视器上图像信号的一种设备。

使用时，首先供给电源，装卡录像带，对于数字式的则采用微机硬盘作为记录设备，并操作相关按键，使录像机进入工作状态。

(5) 视频时序切换器

按一定的时间间隔,将多路输入的视频信号时序地排列成一个输出信号,以轮流在监视器上显示。

时序切换器有 n 路输入,一路输出;还有 n 路输入 m 路输出($m<n$)等形式。时序选择方式可分为:

1) 旁通方式:任选几个摄像机信号参加时序。

2) 停驻方式:专门监视某一摄像机画面。此种设备一般可与报警设备连接,当某一路摄像机监视场所发生报警时,可自动停驻在该摄像机的图像上进行监视和录像。

使用时,使视频时序切换器供电,操作方式有手动和自动两种。自动操作时,可操作键盘来实现所需的切换和显示。

(6) 同步信号发生器

同步信号发生器将产生的同步信号经脉冲分配后,送给各路摄像机和其他有关设备,使它们能够同步地进行工作。

同步信号发生器的作用:消除或减少因各路视频信号的不同步导致视频切换瞬间的同步紊乱,以至引起图像的瞬间闪跳;使录像机能录得比较稳定的图像,能进行图像的混合或特技处理。

(7) 多画面分割器

能将多路摄像机摄取的图像信号,经处理后在监视器荧光屏的不同部位进行显示的装置,称为多画面分割器。

产品有:四画面分割器、八画面分割器、十六画面分割器等多种形式。多画面分割器可选用的画面形式,见图2-38。

分割画面的形式可由值班人员按照需要进行调整。

(8) 控制键盘

键盘是人机对话的窗口,值班人员通过键盘向前端设备发出指令,如控制前端摄像机的开启与关闭、云台的转动以及对视频信号的遥控和切换等。

以上叙述了单体形式设备的功能和使用,实际上电视监控系统的终端设备种类很多,功能各不相同,小型控制设备只控制云台及镜头;规模稍大的控制设备是将各单体设备作成功能板或功

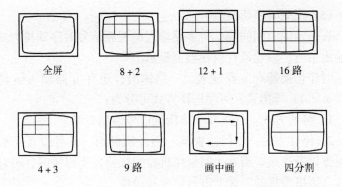

图 2-38 多画面分割器可选用的画面形式

能模块置于同一机壳内,构成控制矩阵;大规模电视监控系统集入侵、防火、电视监控、通信联络等于一体,常用多功能控制台或大型矩阵控制器,越来越多地采用微机控制,通过微处理器、电源板、视频输入板、视频输出板等,完成综合控制台或大型控制器的全部功能。

(9) 键盘式微机控制系统

1) 视频可以切换,通过键盘输入前端摄像机编号和终端监视器的编号,就可在监视器上显示该摄像机的图像。对摄像机、镜头、云台可以进行控制,通过键盘输入摄像机编号,再按控制镜头的变焦、聚焦等键即可在监视器上观察该摄像机摄取的图像;通过键盘操作还可控制该摄像机云台的上下、左右动作。

2) 可以预置观察位置,可对每台摄像机预置几个画面方位、焦距等,需要时,只要按动预置键即可显示出预置画面。可以对视频信号作时序显示;可以编排现场图像在监视器上显示的时间(0~59s)和顺序。

3) 可以与报警联动,可以通过键盘将某些摄像机预置为报警状态。如有报警时,摄像、灯光等将立即打开,现场图像立即在监视器上显示,同时录像机也开始进行录像。系统具有辅助开关功能,当送入摄像机编号时,再操作相应的按键,即可完成该摄像机的电源开关、雨刷、除霜等动作。

4）对于字符显示，在监视器出现图像的同时，也将摄像机编号、摄像机位置编号、时间等信息同时显示出来。系统具有报警状态的优先显示功能，无论值班人员监视哪一路摄像机的图像，一旦报警发生，自动切换到报警处摄像机的现场图像。

2．终端设备的维护

闭路电视监控系统终端设备较多，各种线路也比较复杂，必须经常进行维护、及时检修，以保证系统的正常运行。

（1）常见的故障有：图像不清晰、抖动、闪过，甚至无图像显示，设备发热、有焦味、噪声、旋钮、引线、螺钉脱落，电器件发生损坏，线路发生短路、断线、漏电等。

（2）常采用的检查方法有

1）直观法、试电笔检查法；

2）电流电压电阻测量法；

3）绝缘电阻测量法、逻辑电笔法；

4）仪器测量法、替换法；

5）迹点寻迹法；

6）排除法、比较法、分析法等，有些装置还要正确调节。

第九节　电视监控系统设计实例

电视监控系统产品繁多，功能多样，发展迅速，应用广泛。本书中重点介绍美国 VICON 电视监控系统、电话线远程图像传输系统、数字监控系统。供读者设计、选用和施工、运行、维护时参考。

一、美国 VICON 电视监控系统

VICON 电视监控系统，包括：V1422 控制主机，V1466 控制主机，VPS1344 控制主机，VURORA99 多画面分割器，V1200X-DL控制分配器，以及 V1400X-MSS 多 CPU 选择器等几部分。

(一) V1422 控制主机

V1422 控制主机组成情况及其特点如下：

(1) V1422 控制切换主机是一种集成的不可扩展的小切换主机。它支持 NOVA（VPS）和同轴解码器。NOVA 解码器与主机之间的通信通过 RS-422 端口实现，同轴解码器同主机的通信命令通过同轴电缆传输。

(2) V1422 控制切换主机有 32 路摄像机输入和 8 路监视器输出。它的操作可以通过它本身前面板的键盘来实现。同时，它还可以外接 8 个 V1300X-RVC 或 V1300X-DVC。同时，它还可以通过 V1400X-DVC 键盘操作，也可以连接到计算机网络上，通过网络操作。另外，V1422 控制切换主机还可以通过 RS-232 端口连接一个加装了专门软件的个人计算机，通过这个计算机同样可以控制 V1422 控制主机，这个计算机可以实现所有的系统功能。再者，V1422 控制主机还提供另外一个 RS-232 串行端口，用于打印报警事件报告。

(3) V1422 主机支持手动和自动切换，自动切换可以设置成按升序或随机顺序切换。

在切换方式中包括齐发切换和顺序切换，切换的调用可以是手动的也可以是自动的，切换动作也可以由报警来激活。

(4) V1422 控制主机最多可以有 9 个操作键盘，其中一个是主机前面板的就地键盘，最多可以有 64 个用户，其中至少有一个必须是系统管理员级的用户。同时，可以对用户和键盘分组，以便限制某些用户使用指定的键盘。

V1422 的另一个标准的特性是它可以拥有 64 个巡视，每个巡视最多可以包括 32 步，每个监视器上可以显示 8 个巡视，每个巡视可以分配预置位、切换时间及驻留时间等参数。

(5) V1422 控制主机可以有 64 个报警输入，其中 32 个是本地的报警输入，即这些报警是由解码器（摄像机站）提供的，另外的 32 个报警由报警接 R 器件提供。最多有 8 个监视器可以作为报警监视器。对于报警的编程包括报警堆栈类型的设置、报警优先级的设置以及报警事件的连锁反应等。报警的确认方式也由报警编程来完成。V1422主机提供一个报警打印机端口(RS-232)用来打印报警信息。

(6) V1422的编程过程是通过前面板键盘来完成的，编程菜单显示在监视器上，由于V1422本身不能产生光栅，所以编程菜单要叠加在视频信号上。

V1422还提供最多不超过256个定时事件，这些定时事件包括摄像机—监视器切换、巡视开始、齐发和预置的选择、报警输入允许或不允许以及选择一天之中不同的报警时间段。

(7) 在V1422组成的系统中，在监视器上可以显示标题，这些标题包括摄像机名称、预置标题、报警标题、扫描标题、巡视标题、齐发标题以及系统时间日期等。所有的标题内容不能超过20个字符。V1422主机内置字符发生器，提供英文字母、简单的汉字、日文片假名以及其他一些常用的字符。

系统的时间和日期由V1422主机内部的时间发生器产生。同时，这个时间发生器还有计时器的作用。

(8) V1422主机还具有自检测功能，包括：
1) ROM、RAM、EEPROM存储器测试；
2) 视频切换以及时间日期标题输出检测；
3) 报警接口检测；
4) 串口检测；
5) 本地面板键盘检测。

(9) V1422控制主机的设备组成系统，见表2-29。

V1422控制主机的设备组成系统　　　　表 2-29

设 备 名 称	设 备 型 号
键　　　盘	V1300X-DVC/RVC V1400X-PAC/DVC，多媒体
解码器	V1311RB V1305R-DCI V1200R-LM-1

续表

设备名称	设备型号
报警接口器件	V1200X-IA V1300X-IA
控制分配器	V1400X-DL-1
音视频同步切换器	V1332AF

（10）V1422控制主机可由90-265VAC，频率为50Hz或60Hz的电源供电，支持NSTC和PAL两种电视制式。

（11）V1422主机的特性：

1）V1422控制主机的主要特性指标，见表2-30。

V1422的特性　　　　　表2-30

项目	指标	参数
视频	视频输入电平	正常 $1.0V_{p-p}$， 最大 $2.0V_{p-p}$
	输入/输出阻抗	终端：75Ω 环出：高阻 15kΩ
	隔离度	4.2MHz时60dB
	视频频率响应范围	100kHz～8MHz±0.3dB
	带宽	20Hz～14MHz～3dB
	交叉干扰隔离度	两路输入输出之间在4.2MHz时为60dB
	信噪比	大于65dB
电气特性	电源	90～265V（AC）50/60Hz
	功耗	28W
	报警输入	常闭或高电平输入，其中32个来自解码器，32个来自直接报警器件输入
	报警输出	常开接点或远端单元
	电源线	按美国标准
	熔断器	2A，250V
	输射标准	FCC，A级

续表

项目	指标	参数
接插件	电源	3脚插座，内置熔断器（带开关）
	视频输入	32个BNC插座
	视频环出	32个BNC插座
	视频输出	8个BNC插座
	报警输入	32个来自解码器，32个由一个D形插座输入
	多媒体和报警打印机	9针D形头插座
	远程键盘	9针D形头插座，RS-422端口
	解码器	9针D形头插座，RS-422端口
	辅助报警输出	3脚接线端子
机械特性	尺寸	高：8.8cm；宽：48.3cm；厚：31.5cm
	重量	6.7kg
	框架材料	钢铝合金
	颜色	前面板为黑色
工作环境	温度	0~50℃
	相对湿度	小于90%

2）V1422主机的配置系统，见图2-39。

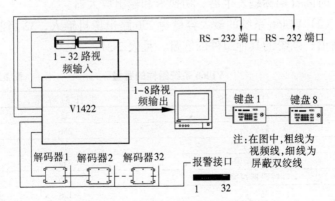

图2-39　V1422控制主机的配置系统

3）V1422主机的典型系统图，见图2-40。

（二）V1466控制主机

（1）NOVA-V1466数字控制切换系统是一个全功能控制切换

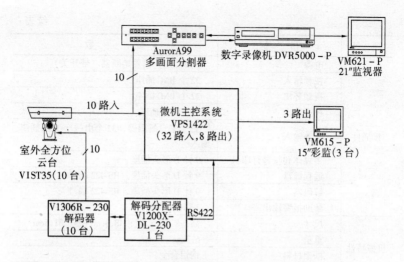

图 2-40 V1422 控制主机组成的典型系统

器,该系统最大容量为 256 路摄像机输入,32 路监视器输出。V1466 控制系统包括一个或两个 Matrix66 卡件箱,内部安装 CPU 卡、时间日期标题发生器、切换卡和输出放大器。

(2) V1466 系统的最大容量为 256 路摄像机输入,32 路监视器输出,系统的其他组件的容量,见表 2-31。

V1466 系统组件的容量　　　　表 2-31

组 件 名 称	组 件 的 容 量
键 盘	32
解码器	256
多媒体主机	1
X-1A 报警	256
解码器报警	256
巡 视	128
巡视步	32
齐 发	64
每个齐发的监视器	1
定时事件	64

(3) V1466 控制主机最多可以有 32 个操作键盘控制。控制

键盘可以是 V1300X-RVC 或 V1300X-DVC 智能遥控键盘，也可以是安装于 V1300X-PAC 2000PC Add On Control 软件的个人计算机或 V1400X-DVC 系统操作键盘。同时，V1466 主机的所有功能还可以通过接到 RS-232 端口的个人计算机来控制。另外，V1466 控制主机还提供另外一个 RS-232 端口，这个端口用来连接用于打印报警事件记录的打印机。

卡件箱 Matrix66 系列的组件，见表 2-32。

Matrix66 系列的组件　　　　　　　表 2-32

型 号	生产编号	说 明
V1466S CPU-A	6159	内部 CPU 卡、控制的最大容量为 256×32
V1466TDT-SHD	4807	为 16 个监视器输出提供时间日期和标题
V6680 SCC	4467-10 4467-11	Matrix66 卡件箱
V6610 S	4630	视频切换卡，每块卡提供 32 路视频输入
V6610RP-B	4628	带有 32 个 BNC 插座和 4 个 D 形插座的后挡板
V6610RP-R	4629	带有 8 个 D 形插座的后挡板
V6640 SEXP	4470	扩展卡，在系统大于 256×32 时使用
V6616 AMP	4613	1-16 号输出视频放大卡
V6632 AMP	4614	17-32 号输出视频放大卡
V6670X	4769	卡扩展器，在设有 V1466TDT·SHD 时间日期标题卡时使用
V6650RCP	4471	后挡板，当某一位置无卡时使用
V75TR-SHO	4479	用在 D 形接口的 75Ω 终结器
V75T	3260	用在 BNC 接头上的 75Ω 终结器
V66RC	4472	两头都是 D 形接头的 36 寸或 72 寸带状同轴电缆，用于两个卡件箱之间的环接
V66RCB	4473	一头是 D 形接头，一头是 8 个 BNC 接头的 24 寸、36 寸或 72 寸的环形带状同轴电缆

（4）通过编程，可以将 V1466 系统中的摄像机—监视器和监

视器—键盘编组，这样，在系统供电启动后，系统将按照这种组合默认启动。系统的监视器在系统刚刚启动时可以什么也不显示或显示巡视，或开始一个齐发，怎样显示取决于编程中的默认设置。

（5）V1466系统支持齐发，每个齐发最多可以对应16个监视器，齐发的选择可以由呆动来完成，也可以在一个齐发巡视中调用。每个齐发中包括摄像机、监视器和预置位。在系统中最多可以包括64个齐发。

在V1466系统中最多可有128个巡视，每个巡视最多可以有32步。巡视可以是监视器巡视，也可以是齐发巡视。巡视的调用可以是手动调用，也可以是定时调用或默认调用或作为报警的联动动作。巡视在启动后可以由手动中断，也可以由系统中断。在系统中多个巡视可以连成一个巡视链，连接的多少取决于编程。

（6）在V1466系统中，最多可以有64个用户，每个用户都可以通过32个键盘中的任何一个键盘访问，一个用户在同一时间只能激活一个键盘，在系统中，每个键盘都分配可优先级，系统提供了10个优先级供系统管理员定义键盘优先级，每个键盘只能有一个唯一的优先级。

系统中可以有512个报警，其中256个来自报警接口器件。256个来自解码器，最多有32个监视器可以定义成报警监视器。报警堆栈可以定义成公共堆栈，也可以定义成独立堆栈。对于报警的处理，要依赖于报警的优先级，优先级可以是先进先出，也可以是基于摄像机编号的优先级。报警的确认可以是手动的也可以是自动的。确认报警后的连锁动作靠编程来完成。在系统中有一个RS-232端口用来连接一个报警打印机，这个打印机用来打印报警事件记录。报警日志的打印是自动完成的。

（7）对V1466CPU的编程是通过屏显编程菜单来完成的。同V1422系统不同的是，由于V1466自己能够产生光栅，所以，它的编程菜单不需要叠加在视频信号之上。编程工作需要一个IBM

标准键盘和一个编程监视器。编程工作也可以在计算机上通过 Protech 软件来完成。

(8) 在 V1466 系统中内置时钟发生器,利用这个时钟发生器,系统可以定义定时事件。在 V1466 系统中,最多可以定义 64 个定时事件。定时事件包括摄像机—监视器切换、巡视、齐发、预置位选择、报警输入允许或禁止等。

系统可以提供标准的时间和日期及不超过 20 个字符的标题。可以加标题的有摄像机编号、监视器编号、齐发、巡视、扫描、报警和预置等。

(9) 系统中允许有高速切换输出监视器。高速切换输出监视器连接到视频丢失探测器,并且视频丢失探测器的报警输出同 X-1A 报警接口器件的输入相连接。当监视的摄像机的视频丢失后将引发报警。

同 V1422 一样,系统具有自检测功能。

(10) V1466 的最大配置系统,见图 2-41。

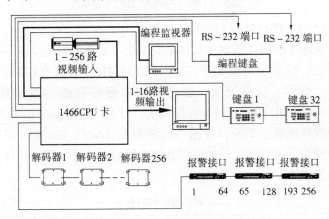

图 2-41 V1466 最大配置系统图

在图 2-41 中,为了通信的可靠性和布线方便,通常将 RS-422 线先经过控制分配器后再连接到键盘和解码器上。

V1466 控制主机的典型系统框图,见图 2-42。

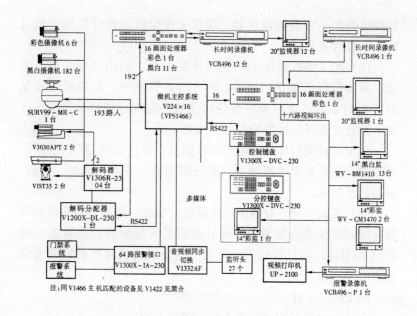

图 2-42　V1466 控制主机典型系统框图

（三）VPS1344 控制主机

维康 VPS1344 控制和切换系统简化了复杂的安全设备的设计和安装。该系统组成如下：V1344S CPU-HD，它含有控制切换、水平、俯仰、变焦镜头，辅助功能和报警功能的系统软件，V1344 TDT-HD 时间/日期/标题模块，以及 V4480SCC-HD 矩阵 44 高密度插板盒。VPS 1344 系统也将包括 V4410S-HD 视频切换器卡的变型，也可能包括能提供其他功能的电路板。系统部件和附件，见表 2-33。

系统部件和附件　　　　表 2-33

型　号	产品代码	说　　明
V1344SCPU-HD	3074	CPU 板，每一个系统有一个
V4480SCC-HD	0377-10 0377-11	矩阵 44 高密度切换器插板盒。包括电源供应、输出放大器和母板，能容纳 16 个 V4410S HD 切换板，有 120V（AC）(0377-10) 和 240V（AC）(0377-11)

续表

型号	产品代码	说明
V4410S-HDB	0378	视频切换器板，每个板能接纳多达 8 路视频输入（通过后面板上的 8 个 BNC 连接器）。后面板上也含有一个用于监视器扩展的闭环输出带状电缆，插板盒可满置 16 个 V4410S-HDB，以形成 128 个视频输入，8 个监视器输出。
V4410S-HDR	0382	用于监视器扩展的视频切换器板，后面板含有两个带状电缆连接器用推动视频闭环
V4430A-DEC-HD	0379	地址译码板，用于定义视频输出（监视器）地址
V1344TDT-HD	4100	时间/日期/标题板
V4450R-CP-HD	0381	后封闭面板，用于不使用的板位的后封闭
V75T	3260	用于 BNC 连接器的 75Ω 端子
V75TR	4013	用于带状电缆连接的端子
V44RC-21	4011	21 英寸同轴带状电缆部件，用于 V4410S-HD 切换器板之间的视频分配
V44RCB-12	4012	12 英寸同轴带状电缆部件，用于 V4410S-HD 到外部设备之间分配视频信号，终接 8 个 BNC 连接器

  V4480SCC-HD 高密度插板盒能容纳多达 16 个视频切换器插板。每个切换器板可接收多达 8 个视频输入，故插板盒的最大容量为 128 个摄像机输入和 8 个监视器输出，这就大大减少了用推动设备安装所需的空间。

  V4480SCC-HD 插板盒带有一个母板，一个视频放大板，以及一个电源供应板。它也含有用于如下板子的槽：系统 CPU、时间/日期/标题板、地址译码板、多达 6 个视频切换板。这些板子在一个给定的插板盒中的特定的组合由它所支持的视频系统的体积和结构来决定。在它的最大构造中，该系统能支持 128 个远端摄像机/镜头接收机、24 个监视器、128 个来自报警接口单元

117

的输入、128个接收机报警、32个遥控键盘。

（1）与矩阵44系统兼容

V1344S CPU-HD 和 V1344 TDT-HD 印刷电器板可以直接插入矩阵44高密度插板盒中，允许现场维修和最大限度地减少系统停机时间。这一兼容性也减少了设备安装所需的空间。

（2）与VPS1200和VPS1300系统兼容

VPS1344与维康VPS1200和VPS1300部件保持软件兼容，这样，现有的VPS1200和VPS1300安全系统扩充时就会降低费用。VPS1344系统中也允许使用VPS1200和VPS1300遥控键盘、报警控制和接收机。

（3）遥控键盘

V1300X和V1200X系列遥控键盘允许操作员来控制水平、俯仰、自动水平旋转、自动光栅、镜头速度、预置进入、辅助功能、报警确认和接收机通信失败确认。

VPS1344提供3摄像机—监视器—键盘分配，这样就保证了远端操作员不能控制没有指定给它的摄像站。VPS1344系统包括32个遥控键盘优先级别。

（4）系统编程

VPS1344包括一个类似计算机形式的键盘和一个菜单驱动编程接口的用户友好系统编程，软件包括摄像机到监视器分配（例如：把摄像机指定到特定的监视器）和监视器到键盘分配（把监视器指定到特定的操作键盘）。

CPU能完成系统测试和通过键盘来定义或改变整个系统的参数。这包括口令、预设、RS-232参数、键盘/接收机/监视器分配，屏幕上的任何内容能被送到连接到V1344S CPU-HD 上合适的 RS-232 口上的打印机。

编程器能把系统结构数据送到（接收来自）其他VPS1344系统或一个IBM兼容个人计算机去备份这些数据。系统使用X调制解调议案来进行串行通信，且能被直接连接到一个调制解调器。

（5）顺序切换

VPS1344 系统有两种在监视器上切换摄像机的方法：第一种，随机次序，以任何编排好的次序将摄像机视频显示在屏幕上；第二种，递增顺序，在屏幕上按递增号顺序显示摄像机视频。

VPS1344 系统具备两种顺序操作模式：模式 1 将随机次序监视器和递增顺序监视器组合在系统中；模式 2 只能容纳递增顺序的监视器。

VPS1344 系统还有一个齐发切换，在这个模式下，一个选定的摄像机群可以同时被切到一个选定的监视群上。VPS1344 提供了在报警模式下的齐发切换和在非报警模式下的同步切换。

（6）摄像机和监视器滞留

"滞留"指的是一个来自摄像机的视频图像在被切走以前在监视器上保持的时间长度。"监视器滞留"指的是置定一个滞留时间，以使所有的摄像机在一个给定的监视器上以相同的时间间隔显示出来。"摄像机滞留"的功能是系统中不同的摄像机可以被置为不同的滞留时间。

在 VPS1344 中，对每一个监视器，其监视器滞留都是可调的。

除了监视器滞留，VPS1344 系统提供了单独的摄像机滞留置位。对于这一类型的滞留，操作员能对在同一个监视器上顺序显示的每一个摄像机指定不同的滞留时间。这就能使操作员设定合适的滞留时间以适应重要的场合，因此，操作员可以有较长时间来观看重要观测点。

（7）系统诊断

VPS1344 系统为 CPU 板提供诊断测试。这些能使技术人员将一个加到 I/O 口（或电缆）、或某些特殊电路的错误状态隔离开来。系统能将测试结果加到 CPU 的 RS-232 口。

VPS1344 报警软件当与报警接口单元一起使用时可以处理 128 个报警闭路输入，系统操作员能指定 24 个报警监视器和给它们分派报警信号。

VPS1344 包括一个用于将报警结果输出到级联的行打印机上的 RS-232 接口。系统还支持 128 个齐发报警，这一类型的报警是一旦发生一个报警，多个摄像机一起显示在多个报警监视器上。它保证了在有情况发生时，视频图像覆盖整个区域。

（8）VPS1344 的报警软件

VPS1344 包含一个广博的灵活的报警软件。特定的报警响应结构由系统管理员决定，且可以通过 V1300X-PGM 键盘输入 CPU。

1）预置位置和每个摄像机多报警。由于 VPS1344 系统带有预置位置控制，软件能自动地将相关的摄像机驱动到与那个报警相对应的预置位置上。

软件允许一个摄像机覆盖几个报警输入。每一个报警输入有一个指定的预置位，当发生报警时，摄像机就能指向相应的预置位置。

2）齐放报警。齐发报警能把几个摄像机及报警监视器与一个报警输入结合起来。当发生一个报警时，来自摄像机的视频信号会同时显示在报警监视器上。这些齐发可以覆盖整个区域。一个 VPS1344 系统有 128 个齐发群。

3）可调自动报警。这一特性是设计用于易被忽视的 CCTV 点，当一个报警发生时，视频被送到它的指定的报警监视器或视频录像机上持续一段时间（1 至 255s）。在结束时，报警会被自动地确知。

4）报警标题。每个摄像机被叠加一个多达 60 个字符（3 行，每行 20 字）的报警标题，以用于报警点识别。

5）日编排报警模式。日编排报警的特点是在编程好的时刻，报警模式间可以自动地转换。典型的是：上班时间和下班时间的报警模式有所不同。

6）V1344 TDT 时间/日期/标题。一个 V1344TDT-HD 时间/日期/标题板可以对多达 128 个摄像机和 4 个监视器输出提供标题数据。两块 V1344TDT-HD 板可置于插板盒中来支持将 128 个摄像机输出到 8 个监视器上。六块 V1344TDT-HD 板可以用在三个插板盒中来支持 128 个摄像机和 24 个监视器这一大系统构造。V1344TDT-HD 能为每个摄像机提供两个标题：一个是普通视频标题；另一个是报警标题，当与摄像机相关的报警发生时，它就会出现。

VPS1344 典型系统配置框图，见图 2-43。

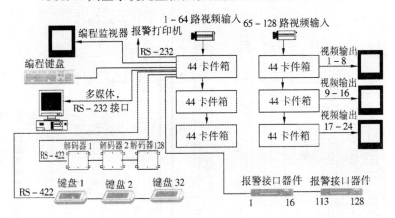

图 2-43　VPS1344 典型系统配置框图

图 2-43 中，粗线宜使用视频线，细线宜使用屏蔽双绞线。同 V1344 配合使用时，其所使用的设备应按 V1422 的特点进行配置。VPS1300 扩展系统框图，见图 2-44。

和典型系统配置情况相同，图 2-44 中粗线用视频线，细线使用屏蔽双绞线。

（四）AURORA99 多画面分割器

（1）AURORA99 视频多画面分割器是一种新的多画面分割器。它允许多画面显示多个摄像机来的视频图像，同时可以进行多画面录像。同时，这种多画面分割器还具有视频丢失探测功能。通过多画面分割器的前面板，就可以对多画面分割器进行所有的操作。这种多画面分割器可以通过一个 RS-422 端口时多个摄像机站的设备进行控制。这种系列的多画面分割器有多种型号，见表 2-34。

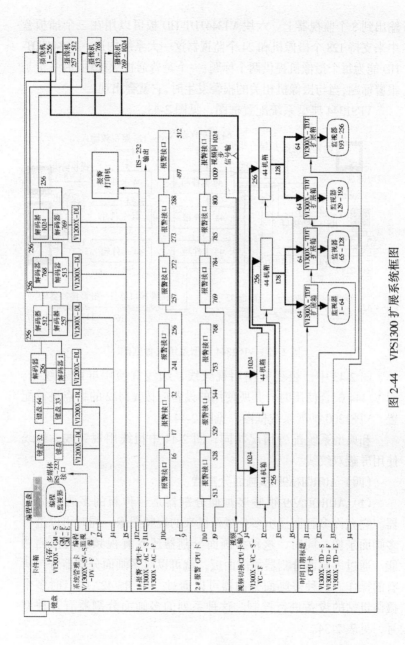

图 2-44 VPS1300 扩展系统框图

AURORA99 系列多画面分割器一览表　　　表 2-34

型号	产品号	视频输入	操作系统	黑色/彩色	视频制式	输入电压（V/AC）
AUR99-SB	6113	16	单工	黑白	EIA, CCIR	120, 230
AUR99-SC	6112	16	单工	彩色	NSTC	120, 230
AUR99-SC-P	6112-01	16	单工	彩色	PAL	120, 230
AUR99-DB	6111	16	双工	黑白	EIA	120, 230
AUR99-DB-C	6111-01	16	双工	黑白	CCIR	120, 230
AUR99-DC	6110	16	双工	彩色	STSC	120, 230
AUR99-DC-P	6110-01	16	双工	彩色	PAL	120, 230

（2）在表 2-34 中，列出的所有型号的多画面分割器，有两种显示方式：一种是鲜明的，一种是柔和的，而且 AURORA99 多画面分割器又具有智能画面方式，它对移动景像的速度比对静止景像的速度还快。

实际使用中，多画面分割器的画面显示方式有九种：即画中画、四分割、九分割、十六分割、四分割环绕十六分割、上四分割下十六分割、对角四分割、对角十六分割和用户定义格式显示。

（3）在多画面显示方式下，每个画面都可以单独地进行切换。同时，对于画面可以进行最大 12 倍的电子变焦。AUROR99 可以从多种设备中接受报警信号，包括数字移动探测器、硬连接的报警输入、来自录像机的报警信号。同时，多画面分割器可以探测到视频丢失。同 PVS 系列主机相似，AURORA99 多画面分割器也有一个串口，用来连接安装了多媒体软件的计算机。

（4）AURORA99 系列多画面分割器有双工和单工两种型号，如果是双工的，就可以在录像的同时观看图像，或在录像的同时在另外一台录像机上回放图像。

（5）AURORA99 多画面分割器可以将多个摄像机来的信号录在同一个录像带上，在回放的时候可以单画面显示，也可以多画面显示。

(6) 使用 AURORA99 多画面分割器可以组成一个独立的 CCTV 系统，它本身有一个 37 针的报警接口。可以接收多种报警信号。报警的输入可以定义成即时或所设定的信号，可以是常开或常闭的继电器提供的报警激活信号。另外，它还可以接受从录像机来的报警信号，也可以支持报警录像等功能。同时，它还具备移动侦测和视频丢失检测功能。

(7) 报警的输出包括声音提示、简要图像提示、前面板 LED 灯指示及干簧继电器输出（包括常开和常闭）、激活报警录像等方式。

(8) 在多画面显示时，任何窗口都可以作为报警窗口。当发生报警时，报警窗口根据编程可以显示报警图像或正常图像。

(9) AURORA99 可以通过 RS-422 端口连接最多 16 个解码器，通过多画面分割器的前面板可以对这些解码器进行控制。通过对解码器的控制，可以实现对云台和镜头功能的控制。

(10) 同 VPS 控制系统相似，AURORA99 多画面分割器也提供标题功能。连接到多画面分割器上的摄像机可以有一个唯一的不超过 12 个字符的标题，同时，在标题上还可以显示时间和日期。另外，在显示器上还可以显示一些附加信息，这些信息包括当前的录像方式、报警状态显示、移动侦测及视频丢失检测等。多画面分割器提供总计 19 种不同的显示格式及屏幕定位。另外，对于标题的设置还包括字符尺寸、字符背景和字符颜色（黑或白）。

(11) 日期的显示格式包括美国格式、欧洲格式和亚洲格式。同时，这种多画面分割器还具有夏令时时间的自动调整功能。

(12) AURORA99 多画面分割器的许多功能需要通过编程来实现，它的编程过程简单，在整个编程过程只要按照屏幕的提示即可完成。

(13) 如果需要，用户可以设置密码以限制他人进入编程菜单。

AURORA99 多画面分割器同其他设备连接的方法,见图 2-45。

(五) V1200X-DL 控制分配器

(1) V1200X-DL 控制分配器能够提供和 CPU 之间独立的通信线路,该装置可以用来构造一个星形结构系统,连接 10 个键盘或解码器。

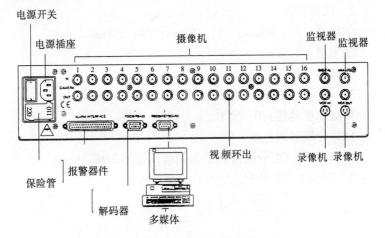

图 2-45　AURORA99 多画面分割器同其他设备连接示意图

(2) 当键盘或解码器的数量超过 10 个时,每个 V1200X-DL 在链式结构中提供 9 个接线端口,第 10 个端口用来与另外一个 V1200X-DL 控制分配器环接,在每个 V1200X-DL 中信号不停地刷新,以使新有的线驱动特征数从一个装置转到另一个装置,系统的结构可以扩展。

(3) VPS 安装中采用线性分配器的主要优点,即减少连线并保护系统避免通信失败。在需要在主机和解码器或键盘之间长距离通信时,应采用星形结构连接。在系统的连接中采用双屏蔽双绞线,同时,V1200X-DL 还具有对通信线过冲保护的电路。

(4) 特性:

1) 电气特性:

①输入电压：120V（AC），50/60Hz，(240V，AC可选)。
②线缆：标准三芯美标插头。
③熔断器：两个，3AG，0.25A（如240V，AC，熔断器电流为0.125A）。
④功耗：9W。
⑤指示灯：电源开关，红氖灯。
2）机械特性：
①尺寸：高，46mm；宽，483mm；厚，178mm。
②重量：2.7kg。
③结构：钢质底盘和面板。
3）环境特性：
环境温度范围：0~50℃。
(5) 分配器的连接。
1）V1200X-DL分配器的星形联结，见图2-46。
2）V1200X-DL分配器的混接，见图2-47。

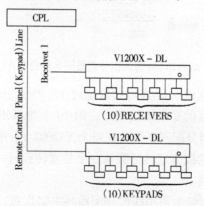

图2-46 V1200X-DL星形联结示意图

3）V1200X-DL 和 V1300 主机的典型接线，见图2-48。
4）V1200X-DL之间的连接，见图2-49。
5）V1200X-DL同解码器之间的连接，见图2-50。
6）V1200X-DL同键盘之间的连接，见图2-51。

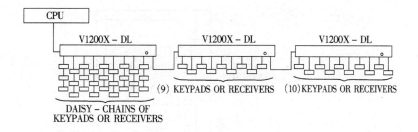

图 2-47 V1200X-DL 混接示意图

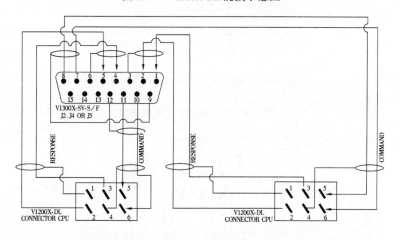

图 2-48 V1300 主机同 V1200X-DL 之间的典型接线

（六）V1400X-MSS 多 CPU 选择器

（1）V1400X-MSS 多 CPU 选择器通过 RS-422/485 通信方式使得一个键盘可以控制最多 8 个 CPU，也就是说，V1400X-MSS 多 CPU 选择器可以将不同地点的多个控制系统连接到一起，通过一个键盘来控制它们。V1400X-MSS 多 CPU 选择器的通信线遵循 RS-422/485 协议，通过 9 针 D 形母头连接，控制线通过 25 针 D 形母头连接。

（2）V1400X-MSS 多 CPU 选择器可以放置到桌面上，也可以安装到标准的 19 寸机箱中，要求在室内使用，它有两种型号，分别为 230V（AC）供电和 120V（AC）供电。

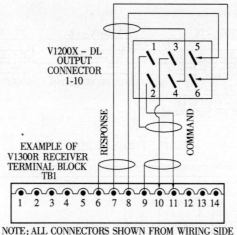

图 2-49 V1200X-DL 之间的连线

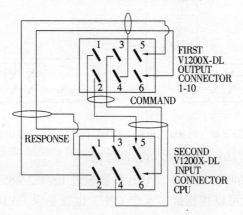

图 2-50 V1200X-DL 同解码器之间的连线

(3) V1400X-MSS 多 CPU 选择器的某些功能类似于 V1200X-DL 或 V1300X-DL,但是它具有更多的选进功能。可以使用一个或多个键盘,该键盘可以是 V1300X-DVC 或 V1300X-RVC。

(4) 基本要求:

1) CPU: VPS1300X,VPS1344,VPS1466,VPS328,并且

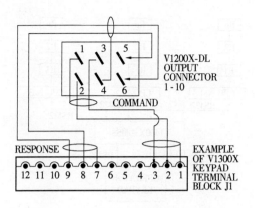

图 2-51 V1200X-DL 同键盘之间的连线

CPU 要求特定的软件。

2) 如果 CPU 的软件指定了键盘的在线状态,状态将置成"ALWAYS ON";如果 CPU 有此项功能,将在设置键盘身份中指定。

3) 如果要支持多系统操作模式,键盘必须是新版本的软件,并且设置成"MSYS",该模式将在键盘的液晶状态留口中显示出来。

4) V1400X-MSS 最多可以连接 8 个 CPU,因为该设备只有 8 个输出接口。

5) 每个 CPU 可以支持 999 个摄像机。

6) 在多 CPU 组态中,键盘的地址必须是唯一的,例如,在整个系统中,只能有一个键盘的编号是 5 号,系统通过地址编程来识别键盘。

(5) 几种键盘与 CPU 系统的组成方案:

1) 方案 1,单键盘多 CPU 组成的系统:

一个由一个键盘,一个多 CPU 选择器和 3 个 CPU 组成的系统的示意图,见图 2-52。

在手动摄像机—监视器选择操作中,键盘操作员要在第一次访问指定的 CPU 时,需要输入四位数字,第一位数字表示 CPU

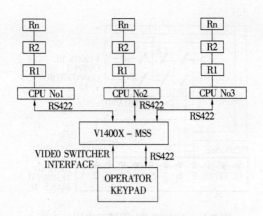

图 2-52 单键盘多 CPU 系统示意图

编号,它是指多 CPU 选择器的第几个输出。如果某个 CPU 已经由一个四位数编号选择过了,那么,以后调用这个 CPU 上的摄像机就不需要输入 CPU 编号,只要输入摄像机编号就可以了。

例如,如果要选择 2 号 CPU 的 287 号摄像机,并且当前的 CPU 是其他的 CPU,输入 2287(第一个 2 表示 CPU 编号、287 为摄像机的编号)。

如果要选择 2 号 CPU 上的其他摄像机,只需要键入相应的摄橡机编号就可以了,不需要再键入 CPU 的编号。

2)方案 2,多 CPU 多键盘组成系统的方案,类型 1。

多键盘多 CPU 系统框图,见图 2-53。

在图 2-53 中的这种方法组成系统后,各个键盘的操作权限如下:

①键盘 1:可以控制所有的 CPU;

②键盘 2:可以控制所有的 CPU,但能操作的 CPU 必须是由键盘 1 选择的;

③键盘 A:只能控制 CPU1;

④键盘 B:只能控制 CPU2;

⑤键盘 C:只能控制 CPU3;

⑥键盘 A、B、C 必须设置成 1300 模式。

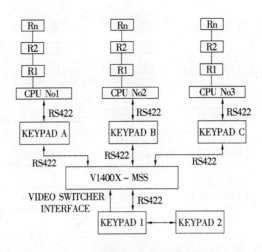

图 2-53 多键盘多 CPU 系统框图

3) 方案 3，多 CPU 多键盘组成的系统的方案，类型 2。
①键盘 1 和键盘 2 只能控制 CPU1；
②键盘 3 和键盘 4 能控制所有的 CPU。

分控器是 V1200X-DL 或 V1300X-DL、V1400X-DL 时，其系统示意图，见图 2-54。

二、电话线远程图像传输系统

VICON Viconnet 电话线远程图像传输系统和 Tele Eye Pro 电话线远程图像传输监控报警系统，借助于电话线和计算机网络，扩大了监控的灵活性，不仅使多个用户在同一时间对同一地点进行观察，而且降低了成本费用。整个系统（包括软件和硬件）的安装操作简单，前端可直接接入发射器，也可接入矩阵切换系统再进入发射器，把图像传输到远端，可实现对云台、镜头的控制；能随时进行录像、回放；有多种显示方式，即全画面/四画面/十六画面分割显示及自适应显示；可进行日程编排、自动巡视等。

（一）VICON Viconnet 电话线远程图像传输系统的功能和特性

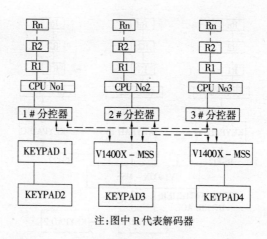

注：图中 R 代表解码器

图 2-54　分控器是 V1200X-DL 或 V1300X-DL、V1400X-DL 时的系统示意图

Viconnet 通过标准电话线（PSTN）、综合业务数字网（ISDN）、移动电话网（CSM）发送视频信号，音频信号和控制信号，Viconnet 将视频监控带入一个崭新的领域。

1. 远程监视

Viconnet 系统由远端发射机和接收端 PC 机及接收软件组成，发射机功能包括双音频、附加继电器输出及报警输入、摄像机扩展、就地图片存储等。

由于系统运用了数据和视频压缩技术，使得系统能够传送高质量的视频，并且具有很高的数据刷新速度，这就构成了一个完善的远程视频监控、记录、报警确认及音频通信的系统。

2. 特性

（1）可以在世界上任何角落通过标准电话线（PSTN），综合业务数字网（ISDN）或移动电话网（CSM）访问远程摄像机。

（2）可以控制 NOVA Matrix 矩阵系统，环形一体机系统和云台单元。

（3）有备件或无备件图像更新可选。

（4）发送器能使系统运行更为可靠。

（5）内置自动拨号器，可以用来证实依据储存或发生过报警的图片（最多达 6000 个）确认报警。

（6）具有双声道音频通信。

（7）具有六种显示模式，十二种可适合的分辨率，最大为 800×600 像素。

3．接收机

接收机在标准 PC 计算机或笔记本电脑上操作，操作系统在屏幕上显示出操作图标。

4．发射机

Viconnet 发射机可以同时接收六个视频输入（输入可以是直接来自摄像机，也可以是来自 NOVA Matrix 系统）。

5．Viconnet 系统组件

（1）V8900-TR 远程发射器

可按照六路视频输入，输入可以直接来自摄像机，也可以来自 NOVA Matrix 系统的输出。

（2）V8900-RE 接收机软件

可以在台式计算机或笔记本电脑上操作。

（3）V8900-CR 摄像机扩展模块

基本单元可以有四个摄像机输入，最大可以扩展到八路，摄像机输入时要附加 V8900-CM 板。

（4）V8900-CM 四路摄像机扩展板

可以给 V8900-CR 增加四路摄像机输入。

（5）V8900-RM16 继电器扩展板

可以给 V8900-CR 增加 16 个继电器。

（6）V8900-SPF 扬声器插座

在语言通信中连接在 V8900-TR 发射机上。

（7）V8900-MIC 话筒

在语言通信时连接到 V8900-TR 发射机上。

（8）V8900-336Modem

标准的电话线调制解调器。

（9）V8900-ISDM Modem

ISDN 调制解调器。

（10）V8900-HYD

四通道总控制接收机包括预配置 PC 计算机的四个 33.6MHz 调制解调器。

（11）V8900-HYD-ISDN

四通道总控制接收机，包括预配置 PC 计算机的四个 33.6MHz ISDN 调制解调器。

（12）V8900-ACH 内置音频卡

插在发射机中，用于语音通信。

6. Viconnet 软件要求和安装说明

必须使用直拨电话线，不能使用通过 PBX 交换机系统的电话线，如果没有直拨电话线，应使用传真线路。

具体软件要求及安装说明如下：

（1）软件要求

1）奔腾 PC 计算机，166MHz 或以上主频，用于 Windows95 或 Windows98 操作系统。

2）33.6kbps 以上的调制解调器。

3）兼容的鼠标。

4）24Mb RAM 或以上的内存。

5）分辨率设在 800×600。

（2）计算机设置

1）在单画面显示时，击鼠标右键。

2）选择 Properties。

3）选择 Setting，选择 Color Palette：High color（16 位）或 True Color（24 或 32 位）。

4）在 Desktop Area 中选 800×600 像素。

5）在 Forts 中选 Small Fonts，然后选 Apply，最后按 OK，再重新启动计算机。

（3）Viconnet 软件安装

1）将标有 Vicon Demo 的软盘插入计算机软驱中。

2）在 Windows95/98 中选择 Start，然后选择 Run 并运行 A：\ Setup，然后按显示操作，但不更改安装的路径。

7．Viconnet 软件的操作

（1）建立一个快捷方式的图标，击鼠标右键，输入 Viconnet，选择 Create a Short Cut，击鼠标右键，拖动图标至桌面上，关闭 Viconnet 窗口。

（2）双击 Viconnet 图标两次，并启动 Viconnet 程序。

（3）单击"Site List"。

（4）在屏幕上 Access 框下面可以看到一个蓝工作条，用工作框的右边的箭头选择通信端口和使用的调制解调器类型，通信端口必须是连接到调制解调器的端口。

（5）选择要访问的地点。

（6）在电话列表中将显示要访问的发射器所连接的电话号码然后按 Connect。

（7）连接好后，点击任何高亮度显示的 Camera 来观察视频，在屏幕的右边将在 Camera Map 中高亮度显示所有系统连接的摄像机。

Viconnet 电话线远程图像传输系统图，见图 2-55。

（二）Tele Eye，Pro 电话线远程图像传输监控报警系统

1．应用领域

（1）监察远端无人值守机房、金融网点。

（2）管理海外厂房及货仓。

（3）同时监控各地连锁店的情况。

（4）监察远地公共设施，例如雷达站、水利及发电厂等。

（5）进行传统保安系统报警后的图像复核。

（6）加强行政管理，远距离保安及家居监视。

2．系统特点

（1）多种型号可适应各种传输介质，即可通过普通电话线（PSTN）、ISDN、GSM 以及电脑网络 LAN 和 INTERNET 进行远距

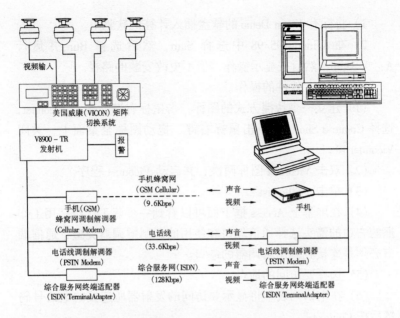

图 2-55 Viconnet 电话线远程图像传输系统图

离的图像和报警信号的传输。

(2) 快速数码影像传输,最快更新速率可达每秒 10 帧。

(3) 进行硬盘数字录像及强大的检索回放功能。

(4) 报警自动拨号,自动传回现场图像并进行硬盘存储。

(5) 图像的某一区域可以进行局部重点监视,近乎实时效果。

(6) 现场照像功能,即传送特高质量的视频图像。

(7) 多种显示方式,即全画面/四画面/十六画面分割显示以及自适应显示。

(8) 可远程控制云台及变焦镜头。

(9) 可对多个网点进行同时监察。

(10) 全中文界面,方便用户操作。

(11) 型号多种,有彩色/黑白、四路/十六路,带不带报警等,最大程度上适应用户的需求。

(12) 密码操作，避免非法使用，安全性高。
(13) 电子号码簿，汉字名称，拨号快捷。
(14) 可进行日程编排，进行自动巡视。
3. 有关远程图像监控系统的几个焦点问题

对于远程图像监控系统，用户关心的问题和解决办法，见表 2-35。

用户关心的问题和说明　　　　　表 2-35

序号	用户关心的问题	说　明
1	与其他产品的比较	性能指标、性能价格比具有优点
2	远程图像传送方式及算法	采用压缩后传送的方式，此压缩法既非标准 JPEG，也非离散余弦变换（DCT），是一种特殊算法。对远程图像传送速度影响最大的因素是图像变化率，它只传送本幅图像与上一幅之间的变化部分，并非整幅都传送
3	每秒 10 帧的确定（根据的具体指标）	这个指标是指将图像质量调到最低一挡，而连续两幅图像之间的变化不超过 10% 的情况下得出的测试指标
4	远程图像监控报警系统的传送速度	传送速度除了受图像变化率的影响外，还与接通速率、图像质量等都有很大关系。总而言之，线路的频带越宽，速率越快；在线路选定以后，图像质量低，则传送速度快，这些因素都是相互制约的。一般说来，平均传送速率为每秒 5 帧
5	同时传送语音功能	能够同时传送语音，但不是采用一般的带有语音的 VOICE MODEM 即可实现。要做到在一条线路上同时传送语音，要借助 TELEEYE。不同于远程图像监控报警系统，TELEEYE 是在发送与接收端各放一个，成对使用，每端与 MODEM 相串联后接入主控机
6	连接远程图像报警系统的外线打电话	这要分发送端/接收中心，打电话/接电话等几种情况来考虑：(1)对于发送器一端，如向外不能打，而接电话却要通过设定振铃次数(1-16 次)来实现；(2)对于接收中心，向外可以打，如果 MODEM 不加电的话，可以正常接话，对于有报警功能，最好用专线
7	远程图像监控报警系统设计型号多的问题	远程图像监控报警系统可按速度、彩色/黑白、带不带报警、单点/多点同时监察等划分，型号众多，这是为了使得用户选择与实际应用最接近的型号，取得最好的性能—价格比

137

续表

序号	用户关心的问题	说明
8	对 MODEM 的特别要求	MODEM 要求与 HAYES 兼容即可,但最好选用 USROBOTICS MODEM
9	在监察一个网点时处理另一个网点发生的警情	这是有报警的情况,如果特别重要,应在中心设两套系统(计算机、外线、MODEM、软件分别为两套),一套用于平时查看或巡视,另一套专门用于接收报警
10	远程图像监控报警系统的硬盘录像时,每个硬盘能录的时间长短	由于采用的是专门的图像压缩算法,无法具体说出每幅图像所占字节数,平均地说,硬盘录像每小时大约需要 25M 硬盘空间,24 小时录像大约需要 600M,一个 2G 的硬盘大约可以录 80 小时的图像
11	关于硬盘录满,要想接着录,是否要将原来的删除问题	录像有三种方式,即固定录像(录满即停)、循环录像(从头再来)和两盘轮换方式。对于第三种情况,由于软件能设置多个录像路径(每个最大为 2G),所以可以用活动硬盘(如 JAZ DRIVE 或 SPARQ,二者皆采用 SCSI/IDE 接口),一个录满了,再换上一个新的,这样就可像录像带一样进行保存了
12	怎样得到完整的高质量图像	如果在监察时,发生重要现象,需要高质量图像以备查询,则可用其"现场快照"功能,将形成与摄像机分辨率相同的照片图像(BMP 格式),每幅字节数为 180kB 左右,并可以打印,但此种方式传输需要时间较长,大约需要 10s 左右
13	对计算机的要求	对计算机无特别要求,计算机为奔腾机,主频在 166MHz 以上,装有 WIN95 操作系统,显示卡支持分辨率 800×600,16 位增强高彩色或真彩色即可
14	传送黑白图像是否要比彩色的速度快的问题	传送黑白图像是比彩色的快,由于黑白图像的数据量要少,所以在相同的带宽内传送的帧数要多一些,但并不是快很多,相同条件下大约比彩色的要快 10% 左右
15	计算机主频提高,传送速度是否相应提高的问题	由于图像传送速度主要限制在传输介质(如电话网 ISDN 等)的带宽上,所以与计算机无关。但基本要求计算机的主频在 166MHz 以上即可
16	关于异地查询远程图像监控报警系统的传送效果问题	可以异地查询,因远程图像监控报警系统是通过电话线(或 ISDN 等其他线路)传送图像的系统,所以可以异地查询,远程图像监控报警系统备有演示软件,但用户应有下列两种配套产品:(1)一台奔腾 166 以上的计算机;(2)一台调制解调器(MODEM,一般型号即可),即可通过 MODEM 拨号观察

续表

序号	用户关心的问题	说明
17	演示板看到的功能范围	只可看到功能的一部分,即用户关心的传输速度和图像质量,至于报警、录像、回放等功能,演示板中不具备
18	报警拨号接通占用的时间前的图像能否保存的问题	可以保存,报警发生后,远程图像监控报警系统发送器先将图像存在内部存储芯片中,时间为60s,最多可达50幅左右,报警回拨后,传送器会立即将这些图像送回接收中心,在电脑硬盘上存储。报警图像传送完毕后,才开始传送事发地点的现场图像。新版本具备这种功能,解决图像保存问题
19	远程图像监控报警系统能控制的云台数量	云台/镜头解码控制器为单路控制型,采用3级联控制,最多可以联结16台云台
20	远程图像监控报警系统能控制的云台类型	由于远程图像监控报警系统解码控制器采用的是继电器干触点控制,所以可接AC220V,或AC24V等多种类型。但所控云台必须是普通的线圈直控型(如利凌PIH302等),而不能控制一些特殊的一体化摄像机的云台(如松下、ELBEX、耐杰等)
21	远程图像监控报警系统在ISDN上速度比电话线快的程度	远程图像监控报警系统的传送速度并非与接通速率成正比。在64K的ISDN上,最高大概可达每秒15帧,平均为6帧,在128K的ISDN上,平均为8帧,另外由于传送速度与图像的变化率有关,所以在图像变化较为剧烈时,128K的速度要比64K时有明显的提升,但是变化轻微时,二者可能差距不大
22	远程图像监控报警系统在互连网上的速度及实时情况	互连网上的几个因素(ISP的连线速度、服务器的伺服能力、网络的拥挤情况等)都会对传送速度有影响。如果这些因素都表现理想的话,则互连网上的传送速度与普通电话线上并无差别
23	网上的各用户能像矩阵切换器那样各自独立监察的功能	在网上各用户基本上都是独立浏览的,但是远程图像监控报警系统与主页有所不同,因为远程图像监控报警系统传送器当中涉及的一些参数设置是可以改动的,而改动以后会影响到与该发送器相连的所有用户。这种情况可以通过分配用户的权限来解决

续表

序号	用户关心的问题	说 明
24	远程图像监控报警系统在 GSM 上传送速率	在 GSM 上连接远程图像监控报警系统与普通电话线并无分别,但是由于 GSM 网络提供的频宽仅为 9600BPS,因此传送速度仅为电话线的 1/3,大约为每秒 1~2 幅
25	远程图像监控报警系统能对各报警防区进行设防控制的功能	远程图像监控报警系统能对各报警防区进行设防控制。并对每一路报警均可进行单独设防或撤防操作

4．远程图像监控报警系统的主要设备

（1）云台镜头解码控制器（选件）

将解码控制器与远程图像监控报警系统发送器用专门连接件相接,按设备说明书,将云台、电动镜头的控制线接在解码控制器上。

（2）调制解调器（MODEM）

MODEM 有各种型号,原则上只需与 HAYES 兼容即可,要正确使用远程图像监控报警系统,应对 MODEM 有所了解。

MODEM 一般都有指示灯,表明系统工作状态,其说明见表 2-36。

系统工作状态说明　　　　表 2-36

编写	英　文	含　义	说　明
PWR	POWER	电源	通电后,即点亮
HS	HIGH SPEED	高速	大于 9600BPS 以上,即为高速
AA	AUTO ANSWER	自动应答	MODEM 自动进行应答
TR	TERMINAL READY	终端就绪	MODEM 准备好,可响应主控设备的命令
OH	OFF HOOK	摘机	MODEM 内继电器接通,相当于电话摘机
SD	SEND DATA	发送数据	表明 MODEM 正在发送数据
RD	RECEIVE DATA	接收数据	表明 MODEM 正在接收数据
MR	MACHINE RESET	设备复位	MODEM 复位
CD	CARRIER DETECT	介质检查	检测是否接有电话线

在远程图像监控报警系统中，主机和 MODEM 都通电，通信前后各种通信状态的说明，见表 2-37。

各种通信状态的说明　　　　　　　表 2-37

接通之前		接通之后	
PWR,MR,HS,TR,AA 指示灯都点亮；CD,SD,RD 略闪一下后熄灭	CD(CS)指示灯点亮，表明选中	PWR,MR,TR,CD,HS,AA,点亮，OH 亮代表接通；SD 快速闪动，表明正在发送数据；RD 轻微闪动，表明接到少量命令，与主机应答	TR,CS 点亮，OH 亮表明接通
发送器部分	接收器	发送器	接收器

说明：在主机处于报警预备状态时，要注意 MODEM 的 TR 指示灯一定要点亮，表明其准备好与主机通信，否则不能将报警信息传至计算机。

5．系统安装

安装过程分为远程图像网点设备安装、控制中心设备安装以及中心计算机软件安装三大部分。

（1）现场网点设备安装

按硬件配置的要求准备好各个配件后，按网点设备安装步骤进行安装，特别要注意的是：所有连接线连接完成后再给设备通电，并且在给远程图像监控报警系统通电之前，应先给 MODEM 通电，这样发送器可对 MODEM 进行初始化等操作。

网点设备安装步骤，见表 2-38。

网点设备安装的步骤　　　　　　　表 2-38

步骤	操作说明
1	将电话线外线插入 MODEM 上标有 LINE（外线）的插座
2	将串口电缆中的 25 针头一端连于 TELEEYE 的 MODEM（调制解调器）端，将另一端插在调制解调器的标有 MODEM 的端口，将两边的螺丝紧固好
3	将图像输入接到标有"VIDEO INPUT"的四个 BNC 插座上
4	如果接报警，则将报警开关（NO/NC）接入相应的报警输入端的 Z 和 C 之间
5	接上调制解调器的电源，如果调制解调器有电源开关，则打开电源开关
6	接上远程图像监控报警系统的电源，这时可见其面板上的绿色指示灯点亮

接线示意图,见图 2-56。

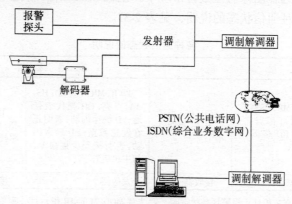

图 2-56 远程图像监控报警系统图

(2) 接收中心设备的安装

接收中心的硬件设备的安装,包括计算机的安装和调制解调器的安装两个部分。其安装步骤见表 2-39。

接收中心设备的安装步骤　　　　　　表 2-39

步骤	操 作 说 明
1	将电话线外线插头插入 MODEM 上标有 LINE 的插座
2	将远程图像监控报警系统软件的软件狗插入计算机上的打印接口上
3	将串口电缆端连于计算机的串口与调制解调器之间,将两边的螺丝紧固好。 注意:计算机的串口有 25 针和 9 针两种,应根据不同情况,选择不同接头的串口电缆
4	接上调制解调器的电源,如果调制解调器有电源开关,则应打开电源开关
5	接上计算机的电源线

(3) 系统软件的安装

系统软件的安装步骤见表 2-40。

系统软件的安装步骤　　　　　　表 2-40

步　骤	操　作　说　明
1	安装 WIN95 操作系统（一般购机时已预装，此处不再详述）
2	如果 MODEM 为即插即用型（PNP），则计算机启动后，会发现 MODEM 的存在，自动询问其驱动程序在何处，可根据实际情况配置软件，输入相应目录（软盘 A，或光驱），找到驱动程序后，便可读入安装
3	测试调制解调器的安装是否正确，可用［开始］—［程序］—［附件］—［网络拨号］功能进行测试，试拨到公司另一部电话或手机上，完成后方可进行后面的步骤
4	将远程图像监控报警系统安装盘的第一张（DISK1OF3）插入软驱，运行其上的 SETUP.EXE 文件，开始安装
5	如果没有特殊问题的话，一般按其默认设置进行
6	按提示输入第二、第三张盘，直到安装完毕
7	为了方便起见，可在桌面上为远程图像监控报警系统建立一个快捷方式图标

三、数字监控系统

常见的数字监控系统的产品有两类，即 DVR880 智能数字监控系统和 DVR884 智能数字监控系统。

（一）DVR880 智能数字监控系统

DVR880 影像监控系统，把多种数字通信技术嫁接到尖端影像压缩技术和影像处理技术上，是高技术数字监控系统，即把分、切、录集为一体的集成系统，将重要设施和犯罪四角地带封锁起来，有效和安全地保护设施及资源。DVR880 替代原有 VTR 监控系统，并能防止发生因反复使用录像带而产生的画质不清晰、保管烦琐、录像带更换成本高等问题，节省人力和物力，该系统最多储存 16 个通道，其中一个通道可为动态图像。

1. 适用范围

DVR880智能数字监控系统，可广泛应用于银行、邮局、医院、大学、机房、饭店、水力、储蓄所、楼宇大厦、寺庙、电力等场所。

2. 特点

(1) 摄像机及传感器的输入输出。

一个系统最多可接 16 个 CCTV 摄像机，进行储存及管理，最多可接 16 个传感器输入（8 个为标准）和 16 个联动输出（8 个为标准）。

(2) 系统的可靠性。

以工控机为基础，开发了专用软件，使可靠性得到保证。

(3) 使用的简便性。

利用鼠标在 WINDOWS 界面上进行基本操作，中文界面，可简便使用，如储存及检索。

(4) 云台控制。

利用 RS-485 通信，控制云台，重置，自动回扫，镜头，聚焦。

(5) 事件管理。

事件发生时，最多有 16 个摄像机按着事件发生顺序，在指定时间内进行储存。

(6) 画面分割。

本系统提供的画面分割为 $3 \times 3.4 \times 4.5 \times 5$ 三种基本模式，多种分割方式，监控所有摄像机，每画面都具有 ZOOM IN/OUT 功能。

(7) 显示及储存功能。

操作模式上按着预先设置进行显示及储存。储存时若硬盘录满，停止储存，并且进行报警，提醒查看硬盘使用情况，必要时进行备份。

(8) 设置功能。

通信设置、备份设置、数字量输入与输出的属性定义及预置设置、预先设置、短时间停止或重新启动功能（摄像机、储存、云台自动回扫、事件)、外部电源供应功能(照明、串口 2、串口 3)、用户登记、变更、删除功能。

(9)摄像机属性定义功能。

清晰度、压缩率、事件前后时间设置功能。

(10)备份功能。

用大容量储存媒体(MODD,ZIP,ZAZZ,HDD)作备份

(11)储存及检索及编辑功能。

可按照日期、时间、摄像机进行的条件检索,快速检索及放大检索等,还可进行非线性检索,可放大并打印检索好的画面。检索被储存影像时,系统可以同时进行储存及显示。

3. 对照表

DVR880 和 VTR 的两个系统录像方式、储存媒体、再生画质等的对照,见表 2-41。

DVR/VTR 对照表 表 2-41

系统 项目	DVR880	VTR
录像方式	DIGITAL	模拟
储存媒体	硬盘	录像带
检索中再生功能	日期、时间、事件	Replay
再生画质	高画质	低画质
清晰度/帧数	720×576/25 帧	—
静止时画面状态	稳定性	不稳定
画面切换	3×3,4×4,5×5	用分割器才可分割
传感器输入	16 路输入与联动输入	—
报警输出	RS485 接口	—

4. 硬件

DVR880 智能数字监控系统的硬件组成,如下:

(1)工业用 PENTIUM 电脑(CPU:INTEL CELERON 333MHz);

(2)HDD6.4GB;

(3)RAM 64MB;

(4)FDD3.5″;

(5) 键盘及鼠标；
(6) RS-485；
(7) 8个数字输入（标准）；
(8) 8个联动输出（标准）；
(9) 16个通道摄像机输入；
(10) MJPEG卡。

DVR880智能数字监控系统的系统图，见图2-57。

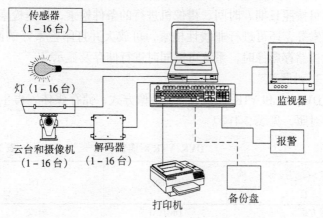

图 2-57 DVR880 系统图

（二）DVR884 智能数字监控系统

1. 概要

DVR884智能数字监控系统采用影像压缩技术和声音压缩技术的多样化数据通信技术，此系统将重要设施与犯罪四角封锁起来，是预防犯罪的良好设施，可广泛应用于无人监控及管理系统。

此装置作为设置于建筑物上的CCTV数字系统，目的在于预防犯罪以及财产损失，以清晰的画质与回放为基本功能，提供简便地使用者界面的同时，确保了经济性和可靠性。

2. 设置目的及效果

(1) 设置目的

1) 利用录像资料，正确控制状况及保护重要资料；
2) 把握重要设施，以及如医院内部的全面状况；
3) 监视出入者及保护设施；
4) 实现远距影像管理；
5) 具有经济性、少投资；
6) 预防犯罪及各种意外事故。
（2）设置效果
可以建立完善的保安监视系统，保护财产，经费投入较少。
3. 数字方式与模拟方式的比较
对于录像方式、画面分割功能、编辑功能及使用年限等，数字方式与模拟方式有着较大的区别，详细内容的比较，见表2-42。

数字方式与模拟方式的比较　　　　表 2-42

项　目	数字方式	模拟方式
录像方式	数字方式	模拟方式
储存媒体使用期限	半永久	使用3次以上即报废
检索中回放功能	指定时间，回放及检索	继续重播
回放画质	高画质	低画质
每秒录像画面数	每秒24画面	每秒30画面
静止画面状态	稳定	不稳定
画面分割功能	1~16画面选择	使用画面分割器
编辑功能	特定画面打印及扩大	无法扩大画面
使用年限	10年	3年
传感器输入	内置视频报警	需另购装置
传送图像	可能	不可能

4. 摄像机的设置
（1）旋转型
以监视多角度为目的，设置在室外的摄像机，与各种传感器联动，有效地监视入侵者，直接在画面上以简单的操作调动摄像机的位置可监视多处，可代替定期巡查活动，有人力提高工效。另外，将传感器的特征与数字系统的功能融合起来，无需模拟系统构筑时所使用的其他装置，经济有效。

(2) 固定型

主要固定于建筑物的四角地带与人员流动比较多的地方，设置在主要出入口、存车场出入口及存车场内部，可对周边环境变化、主监视地域的摄像机进行控制，可以以低廉的价格就可管理一个区域。

(3) 固定型及旋转型

对于室内摄像机，可以固定在天花板内，隐蔽性好，作到对重要设施和设备的监视，也可以对闲人免进处的出入口的监视。

5. DVR884 智能数字监控系统的特点

(1) 按摄像机动画像显示（30 帧），解决了 CCTV 数字的动画像的缺点，可以做到实时监视画面；

(2) 利用视频探测，有效压缩储存。画面的动态现象被传感器接收时，在监视用显示器中进行报警，将当时情况以高画质压缩储存，以清晰的画质回放；

(3) 瞬间储存功能，可以把多个发生点的情况瞬间以动画像压缩储存；

(4) 特殊文件系统，可有效地利用软盘，对于画像数据的回放功能，可确保系统的稳定性；

(5) 支持出台/变焦/聚焦以及预置，在界面上以简单的鼠标操作，可直接对于摄像机进行控制操作；

(6) 远距画像监视（支持 Dial-Up MODEM，ISDN，LAN），即可支持多样化通信媒体，可正确传送远距离所发生的情况及图像；

(7) 维持远距及自行诊断功能，因内置看门狗功能，系统工作有问题时，可联系处理，缩短系统的恢复时间和过程；

(8) 传感器及周边机械输入/出控制，因传感器及周边机械联动，构筑了安全系统；

(9) 内置自动备份功能，简单备份，简便；
(10) 用户界面友好；
(11) 简便升级的可能性。

6. 软件特点
(1) 主画面：
1) 视频报警功能；
2) 摄像机 P/T/Z/F 控制功能；
3) 多样化画面分割功能；
4) 传感器输入/出控制功能；
5) 其他多样化功能。
(2) 检索画面：
1) 按摄像机分类检索画面；
2) 按日期/时间分类检索画面；
3) 打印输出检索画面；
4) 传送图像功能。

7. 构成内容
DVR884 智能数字监控系统的构成内容，见表 2-43。

监控系统的构成内容　　　　　　表 2-43

项目	构成内容，规格
主体	CPU: Intel Pentium Celeron, 366MHz 以上；Main Memory: 32MB 以上；Video Adaptor: SVGA 4M；K/B, MOUSE; WINDOWS98
画面处理	DVR884 卡运行软件
备份装置	DAT Drive (12/24GB) or DVD (5.2GB); SCSI Board; Back-UP Soft Ware; Back-Up Tape (DDS-3), DVD; Disk
中央管制	Dial-UP Modem, JSON, LAN Card Centra Monitoring Program (CMP)
摄像机	Color, B/W CCD CAMERA, 定焦、变焦、室内外用、顶装、墙装；云台、接收器
电源备份	Smart UPS, 500VA

8. 系统图

DVR884 智能数字监控系统的系统图，见图 2-58。

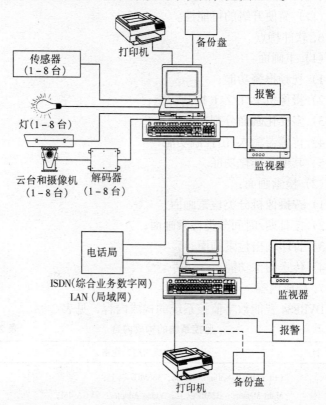

图 2-58 DVR884 系统图

9. 性能比较

各类监控系统（OWL24-5，OWL-24-M，OWL24-PLUS，DVR884）的性能比较，见表 2-44。

监控系统的性能比较 表 2-44

项 目	OWL24-5	OWL24-M	OWL2-PLUS	DVR884
摄像机信号	NTSC/PAL	NTSC/PAL	NTSC/PAL	NTSC/PAL
摄像机输入	基本 9 扩大 16	基本 9 扩大 16	基本 9 扩大 16	基本 8 扩大 16

续表

项 目	OWL24-5	OWL24-M	OWL2-PLUS	DVR884
监视器输出	1PORT	1PORT	1PORT	3PORT
清晰度	\multicolumn{3}{c}{640×480, 320×240, 160×120}		
画面分割	1, 4, 6 12, 16	1, 4, 6 9, 12, 16	1, 4, 6, 9 12, 16	1, 4, 8 16
录像速度	4帧	4帧	24帧	24帧
储存画像文件系统	WINDOWS95	WINDOWS95	特殊文件系统	特殊文件系统
显示画面	4帧	4帧	24帧	每摄像机30帧
压缩方式	JPEG	M-JPEG	JPEG, Wavelet	M-JPEG
视频报警	—	—	支持	支持
预先报警	—	—	支持	支持
传感器输入	基本8 扩大16	基本16	基本9 扩大16	基本16
控制画面	基本8 扩大16	基本16	基本9 扩大16	基本16
控制云台/聚焦	—	支持	支持	支持
备份功能	—	支持	支持	支持
网络通信	—	支持	支持	支持
传送速度	0.5帧	0.5帧	0.5或2帧	0.5帧
操作系统	Windows95/98	Windows95/98	Windows95/98NT	Windows95/98NT

第十节 中央监控系统

建筑设备的监控系统通常包括暖通空调、给排水、供配电、照明、电梯、消防、安全防范等子系统的监控。现代楼宇正向自动化和智能化的方向发展，建筑设备的自动化系统包括的内容，见图2-59。

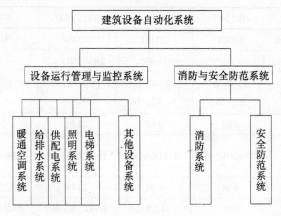

图 2-59 建筑设备自动化系统的组成

一、建筑设备自动化系统的基本功能

建筑设备自动化系统的基本功能可归纳为：

（1）自动监视并控制各种机电设备的启、停，显示或打印当前运行状态。如冷水机组正在运行，冷却水泵出现故障，备用泵已经自动投入等等。

（2）自动检测、显示、打印各种设备的运行参数及其变化趋势或历史数据。如温度、湿度、压差、流量、电压、电流、用电量等，当参数超过正常范围时，自动实现越限报警。

（3）根据外界条件、环境因素、负载变化情况，自动调节各种设备始终运行于最佳状态。如空调设备可根据气候变化、室内人员多少，自动调节、自动优化到既节约能源又感觉舒适的最佳状态。

（4）及时处理各种意外突发事件。如检测到停电、煤气泄漏等偶然事件时，可按预先编制的程序迅速进行处理，避免事态扩大。

（5）实现对大楼内各种机电设备的统一管理、协调控制。例如火灾发生时，不仅仅是消防系统立即自动启动、投入工作，而且整个大楼内所有有关系统都将自动转换方式、协同工作。供配电系统立即自动切断普通电源，确保消防电源；空调系统自动停止通风，启动排烟风机；电梯系统自动停止使用普通电梯并将其降至底层，自动启动消防电梯；照明系统自动接通事故照明、避难诱导灯；有线广播系统自动转入紧急广播、指挥安全疏散等，整个建筑设备自动化系统将自动实现一体化的协调运转，喷淋喷水、防火墙自动下落等，以使火灾损失减小到最低程度。

（6）能源管理。自动进行对水、电、燃气等的计量与收费，实现能源管理自动化。自动提供最佳能源控制方案，如白天使用燃气，夜晚使用电能，以错开用电高峰，达到合理、经济地使用能源。自动监测、控制设备用电量，以实现节能，如下班后及节假日室内无人时，自动关闭空调机、照明等。

（7）设备管理。包括设备档案管理（设备配置及参数档案）、设备运行报表和设备维修管理等。

二、暖通空调系统的监控

（一）空调系统的组成

空调系统的目的在于，创造一个良好的空气环境，即根据季节变化提供舒适的空气温度、相对湿度、气流速度和空气洁净度，以保证办公人员的工作效率。

空调系统的典型设备有：空气过滤器、空气加热器、空气冷却器、喷雾室、空气加湿设备、空气除湿设备。

空调系统的基本组成，见图2-60。

（二）空调系统分类

空调系统根据其用途、要求、特征及使用条件，常从不同角度加以分类。

1. 按系统集中程度划分

（1）集中式空调系统

按工艺要求，将空气集中处理，然后由送风机将处理后的空

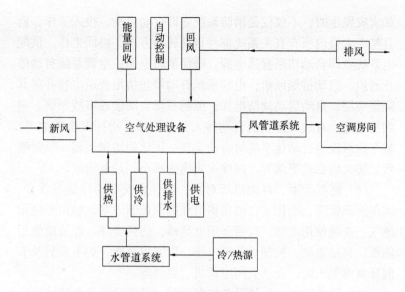

图 2-60 空调系统的基本组成

气经风道输送到各空调房间。这种系统处理空气量大，需要设置集中冷源和热源，系统运行可靠，参数稳定，控制精度高。但由于设备要集中设置在空调机房，占地面积较大，适用于新建工程。

集中式空调系统图，见图 2-61。

（2）局部式空调系统

局部式空调系统也称分散式控制系统。是将空气处理设备、冷机、风机组合在一起的整体机组，如市场出售的空调器等。

（3）半集中式空调系统

该系统也称混合式空调系统，对空气既有集中处理，又有局部处理。

半集中式空调系统，见图 2-62。

2. 按用途分为

分为舒适性（保健）空调系统和工业性（产业）空调系统。

3. 按工作状况分

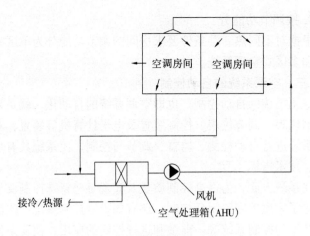

图 2-61 集中式空调系统

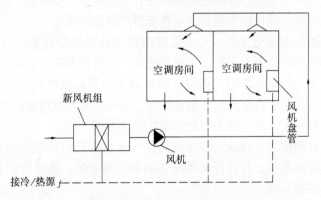

图 2-62 半集中式空调系统

主要有夏季空调系统、冬季空调系统和全年候空调系统。

4. 按是否利用回风分

分为直流式空调系统和混合式空调系统。

5. 按送风风量变化状况分

分为定风量空调系统和变风量空调系统。

6. 按送风方式分

分为单风道空调系统和双风道空调系统。

7．按调节功能分

根据对不同热、湿条件要求房间的调节功能分为单区式空调系统和多区式空调系统。

（三）空调系统的自动控制

空调系统的自动控制，也即空调系统的自动化，就是采用各种检测仪表、调节仪表、控制装置及电子计算机等装置，对空气调节系统进行自动检测、监督、调节与控制，使系统具有良好的经济、技术指标。

在系统方面，为提高控制质量及实现某些特殊控制要求，工程上除了采用单回路闭环控制，还有如串级控制系统、比值控制系统及均匀控制系统等。前馈和选择控制的应用，使复杂控制系统达到新的水平。经典控制理论正在有效地解决空调系统的工程实际问题，现代控制理论也正在获得广泛地应用。

在仪表使用方面，无论是模拟仪表还是数字仪表，在可靠性、工作性能等方面都有了明显提高。微机控制的智能单元组合仪表（包括单回路调节器或可编程调节器等）正在被广泛采用。多变量控制、数字控制、最优控制、自适应控制及模糊控制等多种控制形式，使空调系统的自动化高速发展。

自动控制空调系统按系统结构特点，可分为反馈控制系统、前馈控制系统、复合控制系统、串级控制系统、选择控制系统、分程控制系统。

1．反馈控制系统

它是根据系统被控量的实际输出值与系统给定值的偏差进行工作的，其目的是消除或减少偏差。反馈控制系统也称作闭环控制系统，这是空调系统中最基本的一种控制方式。根据所需要的反馈量的个数，又可以构成两个或两个以上的闭合回路，称为多回路反馈控制系统。

2．前馈控制系统

它是直接根据扰动进行工作的。扰动是控制的依据，由于系统扰动输入端没有其输出的反馈，所以根据扰动而实现的控制是开环控制。前馈控制系统的方块图，见图2-63。

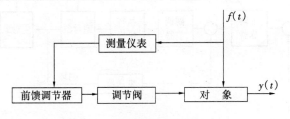

图2-63 前馈控制系统方块图

3．复合控制系统

该系统也称前馈—反馈控制系统。复合控制集中了前馈与反馈控制的优点，提高了系统控制质量。复合控制在空调系统中是一种较为高级的控制方式，一般在要求较高的场合下，才采用复合控制方式。复合控制系统方块图，见图2-64。

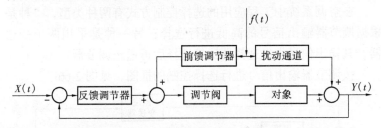

图2-64 复合控制系统方块图

4．串级控制系统

该系统是将主调节器的输出作为副调节器的给定输入。系统由内外（副、主）两环构成，副环被控参数常取受干扰较大，纯滞后较小且反应灵敏的参数；主环被控参数常就是系统的主参数。

副环常具有及时抑制，克服其主要干扰影响的超前调节功能，提高了系统的调节质量。副环对象的时间常数比主环对象的时间常数小，调节效果明显。副环调节器常使用比例积分或比例调节规律。空调系统的串级控制系统的方块图，见图2-65。

5．选择控制系统

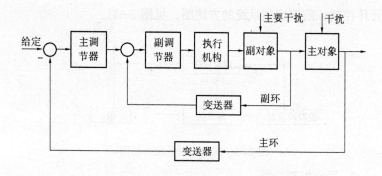

图 2-65　串级控制系统方块图

选择控制系统是将空调过程中控制条件构成逻辑关系，通过选择器对控制参数进行判断、选择，从一种被控量的控制方式转换为另一种被选择的被控量控制方式。

在空调系统中工程应用的选择控制方式有两种类型，一种是根据调节器输出信号的高低进行选择；另一种是采用两个变送器，其输出信号先经选择器比较选择后再送至调节器。

按调节器输出信号进行选择控制的框图，见图2-66。

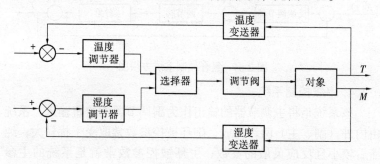

图 2-66　按调节器输出信号进行选择控制的框图

6. 分程控制系统

分程控制系统是由一台调节器的输出信号控制两台或两台以上执行机构分程动作的控制方式。根据调节器输出信号的大小分段控制不同的执行机构，使其按先后顺序动作。

另外，按设定值信号的特点，可分为定值控制系统、随动控制系统和程序控制系统等。

（四）空气处理机组的监控

空气处理是指对空气进行加热、冷却、加湿、干燥及净化处理。空气处理机组包含下述几个处理阶段：

1. 新风采入段

设有新风风口 FV1，调节风门开度，可以通过增大管路阻力来减少风量。

2. 新风、回风混合段

设置新、回风混合段的目的在于：冬季节省热量，夏季节省冷量，以实现节能。回风进入段设有回风风门 FV2，同样可以控制风门开度，调节回风量。

3. 空气过滤段

新风和回风一起经过空气过滤器除尘净化，随着过滤网上沉附的灰尘逐渐增加，将增大气流阻力，影响空调系统正常运行，应对过滤网前后的空气压差进行检测，以便及时清理或更换过滤器。

4. 冷却段

表冷器可以对空气进行等湿冷却或去湿冷却。夏季，向表冷器通入 15 摄氏度或以下的冷水，调节冷水阀（电动调节阀）TV1 的阀门开度，控制冷水流量，可以进行温、湿度调节。如温度或湿度高于设定值时，可加大冷水流量；反之，则减少。

5. 加热段

冬季，向加热器通入 31 摄氏度或以上的热水，调节热水阀 TV2 的阀门开度，控制热水流量，可调节温度。

6. 加湿段

调节蒸汽阀 TV3 的阀门开度，控制蒸汽流量，可改变湿度。空气处理机采用直接数字控制器 DDC 进行控制，亦即利用数字计算机进行过程控制，可对多个受控装置进行直接控制，通过编程实现各种控制功能。当控制内容及规模相同时，总成本大为降低,其功能和灵活性又是传统控制器望尘莫及的。

(五)制冷系统的监控

空调系统需要冷源,制冷是不可缺少的。夏季,供给表冷器的冷水就是由制冷系统提供的。空调制冷方式有压缩式制冷、热力制冷和冰蓄冷。压缩式制冷以消耗电能作为补偿,通常以氟里昂或氨为制冷剂。热力制冷包括溴化锂吸收式和蒸汽喷射式。溴化锂吸收式制冷以消耗热能作为补偿,以水为制冷剂,溴化锂溶液为吸收剂,可以利用低位热能和高温冷却水。冰蓄冷是让制冷设备在电网低负荷时工作,将冷量贮存在蓄冷器中,供空调系统高峰负荷时使用。因而可以调节电网负荷,"削峰填谷",缓和供电紧张状况。

压缩式制冷系统图,见图 2-67。

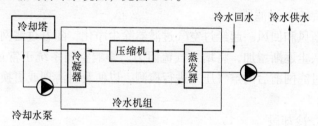

图 2-67 压缩式制冷系统图

在图 2-67 中,划线框内为整体式制冷装置,成为冷水机组。它由压缩机、冷凝器、蒸发器及其他辅助装置组成。压缩机将制冷剂压缩,压缩后的制冷剂进入冷凝器,被冷却水冷却后变成液体,析出的热量则由冷却水带走,在冷却塔中利用水喷射或是经冷却风机将热量排入大气。液体制冷剂由冷凝器进入蒸发器,在蒸发器中吸热蒸发,使冷(冻)水降温,提供冷源送空调使用。

压缩式制冷系统监控,采用直接数字控制器进行控制。冷水机组使用台数应根据系统需要的制冷量和承压要求合理确定,循环水泵包括冷冻水泵和冷却水泵,各设一台备用,冷却塔的台数与冷却水泵相适应,以方便运行和调节。

1. 设备启停顺序控制

为保证整个制冷系统安全运行,设备启/停需按照一定的顺序进行:只有当润滑油系统启动,冷却水、冷(冻)水流动后,压缩机才能最后启动。该系统通过软件程序实现设备启/停顺序控制。

启动顺序为:冷却塔风机、蝶阀—冷却水蝶阀—冷却水泵—冷冻水蝶阀—冷冻水泵—冷水机组。

停止顺序为:冷水机组—冷冻水泵—冷冻水蝶阀—冷却水泵—冷却水蝶阀—冷却塔风机、蝶阀。

2. 冷水机组开启台数控制

为使设备容量与变化的负荷相匹配以节约能源,通过供水总管上的温度传感器 T1 检测冷(冻)水供水温度,通过回水总管上的温度传感器 T2 检测冷(冻)回水温度以及供水总管上的流量传感器 FT 检测冷(冻)水流量,送入 DDC,计算出实际的空调冷负荷,再根据实际冷负荷及压差旁通阀 TV 的开度自动调整冷水机组投入台数与相应的循环水泵投入台数。

3. 压差旁通控制

由压差传感器 PdT 检测冷水供、回水总管之间的压差,送入 DDC,与压差设定值比较后,DDC 送出相应信号,调节位于供、回水总管之间的旁通管上的电动调节阀 TV 的开度,实现进水与回水之间的旁通,以保持供、回水压差恒定。

4. 水流检测、水泵控制

冷冻水泵、冷却水泵启动后,通过水流开关 FS 检测水流状态,如果流量太小甚至断流,则自动报警并自动停止相应制冷机运行。当一台水泵出现故障,备用水泵将自动投入运行。

5. 冷却水温度控制

利用温度传感器 T4 检测冷却塔出水温度,实时控制冷却塔风机的启停台数。

6. 工作状态显示与打印

包括工作参数、设备状态及报警显示,如冷水机组启/停状态、故障显示，冷（冻）水供/回水温度遥测，冷却水供水温度遥测，冷（冻）水流量，冷负荷；冷冻水泵与冷却水泵启/停状态、故障显示；冷却塔风机启/停状态、故障显示等。

7. 水箱补水控制

通过液位传感器 LT 检测膨胀水箱水位，DDC 根据水位信号控制进水电磁阀 LV 的开、闭，以维持水位在允许范围内，水位越限时发出报警信号。机组启/停时间控制及工作时间累计、各设备用电量累计同前。

但是，不论是压缩式制冷机组、吸收式制冷系统或冰蓄冷系统均为成套的自带计算机控制的系统，本身都能独立完成机组监控与能量调节。当与楼宇控制系统相连时，需注意其通信协议是否与 BAS 一致，如果不同，需要通过网关进行协议转换。

(六) 热交换系统的监控

冬季，供应加热器的热水可通过热交换系统获得，热交换系统监控原理，采用直接数字控制器进行控制。

1. 热交换器二次热水出口温度控制

由温度传感器 T1 检测二次热水出口温度，送入 DDC，与设定值比较得到偏差，运用比例积分规律进行调节（PID 控制算法），DDC 输出相应信号，去控制热交换器上一次热水/蒸汽电动调节阀 TV1 的阀门开度，调节一次热水/蒸汽流量，使二次热水出口温度控制在设定范围内，从而保证空调采暖温度。

2. 热水泵控制及连锁

热水泵的启/停由 DDC 控制，并随时检测其运行状态及故障情况。当水泵停止运行时，一次侧热水/蒸汽电动调节阀自动完全关闭。

3. 工作状态显示与打印

包括二次热水出口温度，热水泵启/停状态、故障显示，一次热水/蒸汽进、出口温度、压力、流量，二次热水供、回水温度等。

机组启/停时间控制及工作时间累计、设备用电量累计同前。

(七) 暖通空调系统的节能

暖通空调系统消耗能量最大,占建筑物中总动力用电的50%左右,有些建筑物的空调耗能量甚至还要高。这充分说明了空调节能的必要性,也从另一侧面说明目前我国的空调节能有很大的潜力可挖。

1. 充分利用回风的热量与冷量以节约能量

除采用一次回风外,还可利用二次回风对冷却去湿后的空气进行再加热,以保证需要的送风温度,利用二次回风可以部分取代二次加热,节约能源。

2. 变设定值控制

温、湿度设定值随大气的温、湿度变化而自动进行修改。季节不同,设定值不同。昼夜变化,设定值亦随时变化。夏季温度设定值从 26℃ 提高到 28℃,可节省冷负荷 21%~23%。

3. 焓值控制

室外空气焓值随着季节、气象条件不断变化,根据焓值变化,调节混风比。加大新风比例,充分利用新风冷量,节约能量。

4. 时间控制

包括正常运行时间、节假日及夜间运行时间,周期性间歇运行,最佳启/停时间控制等,通过软件实现节能运行。

5. 设备容量与负荷匹配

冷水机组及其配套设备的投入台数,根据实际需要的冷负荷来决定,以使设备容量与实际负荷相匹配,节省能源。

除此之外,还可以采取以下节能措施:

(1) 变风量控制。变风量控制和定风量控制不同,当热、湿负荷变化时,不是在送风量不变的条件下依靠改变送风参数(温度、湿度)来维护室内所需的温、湿度,而是保持送风参数不变,通过改变送风量来维持室内所需温、湿度。

这是基于送风量与热、湿负荷之间存在下述关系。

送风量与室内热负荷关系:

$$Q = Q_r / C_{pr}(t_n - t_s)$$

式中 Q——送风量（m³/h）；

Q_r——室内显热负荷（kJ/h）；

C_{pr}——干空气比定压热容[kJ/(kg·K)]；

t_n——室内温度（K）；

t_s——送风温度（K）。

送风量与室内湿负荷关系：

$$Q = D \div (rd_n - rd_s) \times 1000$$

式中 Q——送风量（m³/h）；

D——室内湿负荷（kg/h）；

r——空气密度（kg/m³）；

d_n——室内含湿量（g/kg）；

d_s——送风含湿量（g/kg）。

由上述关系可知，当室内热负荷减少时，只要相应地减少送风量，即可维持室温不变，不必改变送风温度。这样做，一方面可以避免冷却去湿后再加热以提高送风温度这一冷热抵销过程所消耗的能量；另一方面，由于被处理的空气量减少，相应地又减少了制冷机组的制冷量，因而节约了能源。

（2）风机、水泵调速节能。改变风量可以从两方面着手：一是改变管路阻力特性曲线 $R = g(Q)$，对于离心式风机，这是一条二次曲线 $R = KQ$；二是改变风机特性曲线 $H = f(Q)$。这两条曲线的交点 A 即为风机的运行点。

在运行点 A，风机所需轴功率为：

$$P = Q_a H_a$$

式中 P——轴功率（W）；

Q_a——风量（m³/s）；

H_a——风压（Pa）。

风机特性与管路阻力特性曲线，见图 2-68。

下面以离心式风机为例，说明控制风量的三种方法，并比较它们的节能效果。

(1) 调节风门开度。关小风门开度，增大阻力，即可减少风量。此时管路风阻特性改变，这种方法依靠增大风门阻力，进行节流调节。为克服阻力必须增大风压，因此，风量虽然下降了，轴功率（与相应的矩形相对应）下降却不明显，因而不经济。

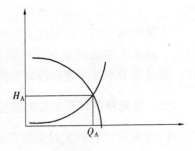

图 2-68 风机特性与管路阻力特性

(2) 调节风机入口导向叶片。在叶轮入口处设置导流器，改变导流器的叶片安装角，可使进入叶轮的气流方向发生改变，因而改变了风机特性 $H = F(Q)$，当风量下降时，轴功率也随之下降。

(3) 调节风机转速。风机转速 n 改变时，风机特性 $H = F(Q)$ 随之变化。对于离心式风机，风量与转速的关系为：

$$Q_1 \cdot n_2 = Q_2 \cdot n_1$$

风压与转速的关系为：$H_1 \cdot n_2 \cdot n_2 = H_2 \cdot n_1 \cdot n_1$

风机所需轴功率与转速的关系为：$P_1 \cdot Q_2 \cdot H_2 = P_2 \cdot Q_1 \cdot H_1$

由上述关系可知，轴功率与转速的三次方成正比。这就是说，随着风量（或转速）的下降，轴功率将立方倍的下降。例如，风量下降到 50% 时，轴功率将下降到 12.5%，可见节约的能源相当可观。因此，用调节风机转速控制风量取代风门或风板的节流调节是节能的有效措施。

以上三种风量控制方法中，当需要的风量相同时，调节风机转速所需轴功率最小，节能效果最显著。

调节风机转速，就是调节原动机——交流异步电动机或同步电动机的转速。从空调节能的角度出发，希望调速装置本身损耗小、效率高，可以采用串级调速和变频调速。而脉宽调制（PWM）型变频调速系统，适用于笼型异步电动机或同步电动机。

水泵和风机的工作原理及结构基本相同，只是风机传送的是空气，而水泵传送的是水。如同调节风机转速可以控制风量一样，通过调节水泵转速来控制水流量也是节能的有效途径。

三、变电所的计算机实时监控

1. 变电所计算机实时监控系统实现的功能

一般变电所设置常规继电保护装置对系统运行状态进行监测。随着计算机及控制技术的发展，显示出传统监测仪表功能的不足。常规监测仪表不具备数据处理功能，对运行设备的异常状态难以早期发现，且不便于和微机联网、通信，因此整个变电所的自动化程度受到限制。计算机实时监控系统可随时掌握整个供配电系统的运行情况、合理调配负荷、调整峰谷用电、预防事故、优化运行等，以达到合理供电和降低损耗的目的。它可随时发现故障，并迅速处理，为安全运行提供必要的手段。计算机实时监控系统可靠性高，响应速度快，对信息具有存贮、记忆、运算和逻辑判断等功能，以及自动采集数据、处理、打印和显示等优点。它在变电所中可实现的主要功能如下：

（1）自动检测并定时打印记录供电系统中的主要参数。包括频率、电压、电流、正反向有功、无功功率，有功、无功电度量等实时值及每小时内的最大值、最小值，以及变压器油温等。

（2）屏幕显示变电所主结线、潮流分布、开关运行状态及各种参数、图形和表格等。

（3）对开关变位、保护动作时的情况按顺序记录下来，对母线电压超越上下限、主变压器过负荷等越限情况进行记录及告警。

（4）对供电系统功率因数进行自动控制。当功率因数偏离规定值时，微机自动投切电容器，以实现系统的功率因数随负载的变化而自动调整。

（5）实现有载自动调压。对具有有载调压开关的变压器，当系统电压偏离规定值时，能自动调节变压器的输出电压，以实现供电电压任何负载变化仍能保持在允许偏移值内。

(6) 实现低频率自动减负荷。根据电网的要求，整定好低频率减负荷的数据和切除顺序，由微机发出的标准频率与电网实际频率比较，如发现电网频率低到规定值时，及时发出减负荷的操作信号，以保护电力系统的安全。

(7) 抑制尖峰负荷。当供电系统出现过大尖峰负荷时，能自动给出信号或通过微机联网控制，切除部分次要负荷，把最大负荷抑制在规定值内。

(8) 实现变压器经济运行。当供电系统内变压器台数多于两台时，利用微机对变压器运行作出监控，使它在最经济台数下运行，以降低损耗，节约电能。

(9) 线路损耗的实时计算并打印。

(10) 自动选查接地线路。在中性点不接地或经消弧线圈接地的系统，当发生单相接地时，自动选查接地故障线路，并可报警、显示及打印。

(11) 对事故进行综合分析。当系统发生短路时，自动记录短路故障发生的时间、短路前的参数及断路器跳闸顺序等。据所采集的这些开关量变化情况经过综合分析，判断出发生短路的原因、地点，以便确定处理方法。

(12) 通过CRT显示和键盘应用程序，实现人机联系。

(13) 自动填写、打印变电所倒闸操作票。

2. 变电所计算机实时监控系统

上海航空机械制造厂和复旦大学计算机系共同研制的工厂变电站微型计算机监控系统示意框图见图2-69。

该系统因要解决数据处理及完成控制功能，故选CJ—801单板机作主机，其CPU为Z80。已有的4KROM可存放运行程序。另有4KRAM、打印机接口、磁带机接口、监控程序以及一些简单的开发功能可供运行及调试用。整个系统可实现监控48个开关，输出控制口168个，模拟输入32路。扩充的键可用来选择

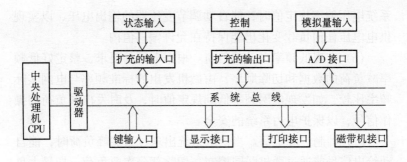

图 2-69　变电站微机实时监控系统

部门及开关的操作；扩充的显示器可显示时间并与键配合实时显示全厂及各车间的负荷；扩充的功能开关可供选择操作方式。该系统可巡回显示各部门负荷，对开关进行分合操作，随时打印全厂各部门负荷。整个系统在 Z80—CTC 可编程计数器、定时器的实时时钟控制下工作。

该系统所实现的功能如下：

（1）开关遥控

借助可编程的输入输出接口 Intel 8255 实现各车间开关的遥控。当其工作在基本输入输出方式时，任一端口都可作为输出，且输出是锁存的。扩展 Intel 8255 为输出口，用 A 口及 C 口的一半与 B 口及 C 口的另一半组成一矩阵输出。一片 Intel 8255 就可组成输出控制口 12×12=144 个，经 74LS06 驱动，光电耦合器隔离，通过电缆控制开关的分合机构。输出控制口框图见图 2-70。

合闸控制程序框图，见图 2-71。

通过键盘选择分合开关，为了保证停送电的可靠性，避免误操作，必须在带锁的操作电源合上后，开关才动作。当操作电源

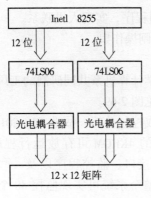

图 2-70　输出控制口框图

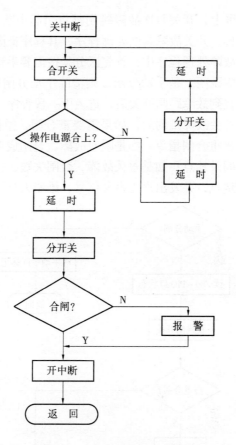

图 2-71 合闸控制程序框图

未合上时,虽已发出分合闸命令,此时,开关状态指示灯闪光,表示该开关处于分合闸准备状态。如果开关选择错了,只要在键盘上重新打入开关号,就能改换操作其他开关。

(2)状态监视与事故处理

Z80—PIO 是一个可编程的 I/O 输出口,它有一突出特性,即全部外部设备与 CPU 之间的全部数据传送是在中断控制下实现的。故扩展 PIO 口用于状态监视,当 PIO 工作于方式 3——位控方式时,每一位都可引起中断。开关状态反映在总控制室的运

169

行线路模拟屏上,开关每次故障跳闸都将引起中断。在软件中,中断入口安排一开关故障跳闸处理程序,其程序框图见图 2-72。

在开关故障处理程序中,首先区分是按需要手动合闸(如检修)还是故障跳闸。是手动分闸,则清除手动分闸标记后返回;如不是,则找到故障跳闸开关后,进入下一段程序。

当配电开关故障跳闸后,如果需要重合闸,微机立即在 0.6~1.0s 内发出重合闸指令。如是瞬时故障,合闸成功,打印机记录下故障时间及地点;如是永久故障,合闸失败,打印机打印出故障时间及地点,并发出声光报警信号,维修人员可立即赶赴现

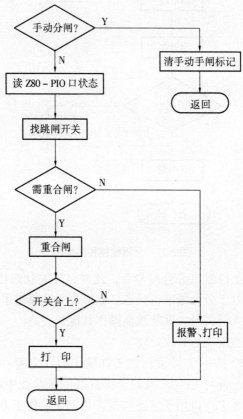

图 2-72 故障跳闸处理程序框图

场，处理事故。

当短路引起两级同时跳闸时，由于将前级开关状态安排在中断优先的口中，因而能先重合前一级，然后重合后一级。

(3) 功率因数自动补偿

微机实时监控系统可同时实现全厂各点的功率因数自动控制。它采取分散与集中相结合、负荷大小及功率因数大小相结合的控制方法，通过计算机对各点所采集到的有功、无功数据进行分析，控制功率因数在 0.9~0.95 之间。

电容在切合过程中，过电压及涌流对电容危害很大，因此，需串入适当的限流电阻。用微机控制功率因数，简化了所有复杂的控制线路，切换动作均由软件解决。

控制功率因数的程序框图如图 2-73 所示，其中延时大小可

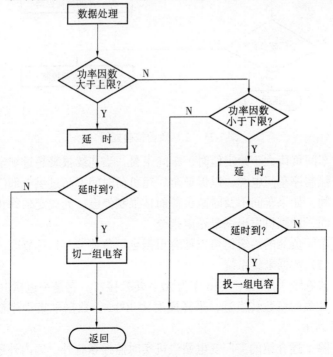

图 2-73　控制功率因数的程序框图

通过修正延时给定值来解决。

(4) 计划与均衡用电自动控制

该系统可实现对全厂高峰用电及厂用电最大需量控制。如果车间负荷分几处，可经计算机集中控制。对高峰用电及负荷控制时，只要全厂不超指标，就允许各车间调配负荷指标，只有在全厂超指标时，才对各车间负荷进行控制。这样可使企业最大限度地利用已分配到的负荷指标，还可按星期日或星期一三五和星期二四六分别控制。全厂负荷控制的框图见图 2-74。各车间负荷控制程序框图如图 2-75。

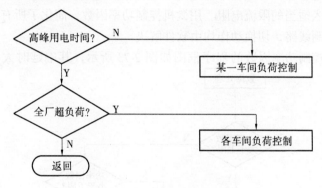

图 2-74 全厂负荷控制框图

车间负荷大于给定值时，车间报警，当连续报警超过规定时间，强制停车间电源，以保证全厂超负荷时间不超过供电部门规定时间。如果车间不及时减负荷而被强制停电，到规定的终止惩罚时间，计算机发出恢复送电指令。

车间负荷的给定值可以随时根据全厂负荷分配指标修改。

(5) 数据采集系统

该系统采用 ADC 0816 作为 A/D 转换接口。它是一包括 16 路电子开关的模数转换器，采样速度为 $100\mu s$。数据采集程序框图见图 2-76。

除上述介绍的工厂变电站微机实时监控系统外，国内外还有许多同类产品，如表 2-45 中所列。

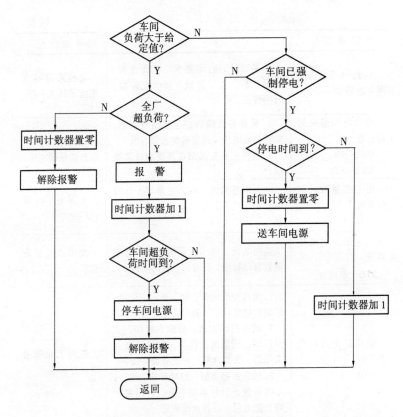

图 2-75 车间负荷控制程序框图

变电站微机实时监控系统　　　　　　　　表 2-45

名称及型号	功　能	研制单位
变电所计算机控制和保护集成分层控制 WESPAC	保护、录波、事件顺序记录、控制、报警、显示、通信	美国西屋电气公司
郑州 500kV 变电站计算机监控系统	1. 监视、记录、显示变电站的各种运行状态 2. 对变电站的设备进行各种操作、运行管理、事件记录等	

续表

名称及型号	功　能	研制单位
WDJ—A型微机电网监测装置	屏幕显示，打印制表，事故告警、越限比较，人工置数，修改允许值，时间校正、自检	温州市微机应用技术开发中心
地区电网微机远动装置 MWY—03 MWY—C01	1. 采集各线路的相应数据及状态，实现各变电所与调度端的远程通讯 2. 各变电所工况图在调度端屏幕显示	辽阳电业局南京自动化研究所
电力电量微机监控系统 SAM—1	电力电量监测，电力定量器，分时电度表，功率因数自动补偿，电费结算	无锡电子计算机厂
变电所微机监控系统 EDS—系列	监测电流、电压、无功功率，功率因数自动补偿，具有通讯联网功能	沈阳市电子研究所
微电脑电力负荷测控仪 WDK—1	1. 可作变配电所监测、显示、记录、控制有功负荷的计划用管理设备 2. 输出打印方式：分整点打印、立即打印、超负荷打印等，输出结果为实际值，无需换算，并配有适当汉字 3. 输出数据类型：即时有功功率、1小时电量、日月累积电量、日用累计峰上用电量、日月负荷率等 4. 有超负荷报警及控制功能	航天工业部南京晨光机器厂
智能分时计量电力监控仪 ZT—JK—3	1. 有功电能按峰谷平分计量 2. 有功电能报警，跳闸功能 3. 有功功率报警，跳闸功能 4. 最大需要量显示功能	泰县电器仪表厂

四、照明系统监控

照明设计可以烘托建筑造型、美化环境，照明质量的好坏直接影响人们的工作效率和视力保护。在智能建筑中，照明用电量很大，往往仅次于空调用电量。如何做到既保证照明质量又节约

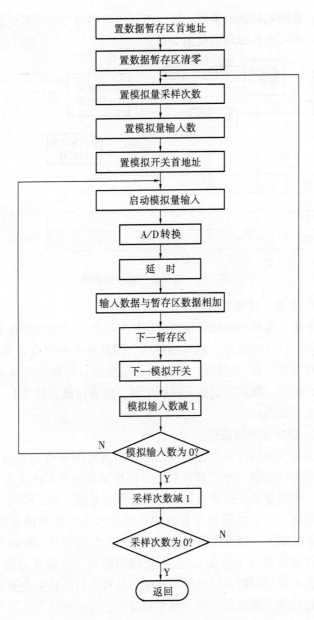

图 2-76 数据采集程序框图

能源，是照明控制的重要内容。不同用途的场所对照明要求各不相同。照明监控原理图见图 2-77。

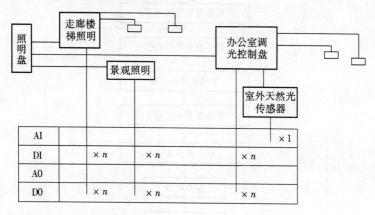

图 2-77　照明系统监控原理图

1. 走廊、楼梯照明监控

走廊、楼梯照明除保留部分值班照明外，其余的灯在下班后及夜间可以及时关掉，以节约能源。因此可按预先设定的时间，编制程序进行开/关控制，并监视开关状态。例如，自然采光的走道，白天、夜间可以断开照明电源，但在清晨和傍晚上、下班前后应于接通。

2. 办公室照明监控

办公室照明应为办公人员创造一个良好的舒适的视觉环境，以提高工作效率。办公室宜采用自动控制的白天室内人工照明，这是一种质量高、经济效果好的人工照明系统，是照明设计的发展趋势之一。它由辐射入室内的天然光和人工照明协调配合而成。不论晴天、阴天、清晨或傍晚天然光如何变化（夜间照明也可看作其中的一个特例），也不论房间朝向、进深尺寸有多大，始终能有效地保持良好的照明环境，减轻人们的视觉疲劳。

它的调光原理是：当天然光较弱时，自动增强人工照明；当天然光较强时，自动减弱人工照明。亦即人工照明的强度与天然光强度成反比例变化,即二者始终能够动态地补偿。调光方法可分为照度平衡型和亮度平衡型两大类,前者可使近窗处工作面与房间深部工作面上的照度达到平衡,尽可能均匀一致;后者可使室内人工照明亮度与窗的亮度比例达到平衡,消除人与物的黑相,多用于对照明质量要求高的场所。在实际工程中,应根据对照明空间的照明质量要求,实测的室内天然光照度分布曲线选择调光方式和控制方案。调光时,根据工作面上的照度标准和天然光传感器检测的天然光亮度变化信号自动控制照明灯具。根据白天工作区与夜间工作区的使用特点,分别编制控制程序,如办公室一般在白天工作,其中又分工作、休息、午餐等不同时间区,应能按程序自动进行控制。

3. 障碍照明、建筑物立面照明监控

航空障碍灯根据当地航空部门要求设定,一般装设在建筑物顶端,属于一级负荷,应接入应急照明回路。可根据预先设定的时间程序控制,并进行闪烁;或根据室外自然环境的照度来控制光电器件的动作达到开启/断开。对智能建筑进行立面照明可采用投光灯,当光线配合协调、明暗搭配适中时,建筑物犹如一座玲珑剔透的雕塑品耸立于夜幕之中,给人以美的享受。投光灯的照度计算必须考虑建筑物的位置、背景亮度、建筑物表面材料的反射系数以及灯具技术特性。投光灯的开启/断开可编制时间程序进行定时控制,同时监视开关状态。

4. 应急照明的应急启/停控制、状态显示用以保证市电停电后的事故照明、疏散照明。

第三章 防盗报警系统

防盗报警系统是指在防范现场探测到有入侵者时能发出报警信号的专用电子系统。它采用红外或微波技术的信号探测器,在建筑物中根据不同位置的重要程度和风险等级要求以及现场条件,例如金融楼的贵重物品库房、重要设备机房、主要出入口通道等进行周界或定方位保护。防盗报警系统可以探测非法侵入,并且在探测到有非法侵入时,及时向有关人员示警,并记录入侵时间、地点,同时要向监视系统发出信号,让其录下现场情况。

第一节 防盗报警系统的组成

防盗报警系统负责建筑物内外各个点、线、面和区域的侦测任务,一般由探测器(报警器)、传输系统和报警控制器组成,如图3-1所示。

图3-1 防盗报警系统的基本组成

一、探测器

1. 探测器的作用

探测器是用来探测入侵者移动或其他动作的由电子及机械部件组成的装置。它通常由传感器和前置信号处理电路两部分组成。根据不同的防范场所选用不同的信号传感器,如气压、温度、振动、幅度传感器等,来探测和预报各种危险情况。例如,红外探测器中的红外传感器能探测出被测物体表面的热变化率,从而判断被测物体的运动情况而引起报警;振动电磁传感器能探测出物体的振动,把它固定在地面或保险柜上,就能探测出入侵者走动或撬挖保险柜的动作。前置信号处理电路将传感器输出的电信号处理后变成信道中传输的电信号,此信号常称为探测电信号。

2. 探测器(报警器)的分类

探测器通常按其传感器种类、工作方式、警戒范围来区分。

(1)按传感器种类分类,即按传感器探测的物理量来区分,通常有:开关报警器,振动报警器,超声、次声报警器,红外报警器,微波、激光报警器等等。

(2)按工作方式来分类,有主动和被动报警器。

被动探测报警器,在工作时不需向探测现场发出信号,而领先被测物体自身存在的能量进行检测。在接收传感器上平时输出一个稳定的信号,当出现情况时,稳定信号被破坏,经处理发出报警信号。

而主动报警器因工作时,探测器要向探测现场发出某种形式的能量,经反向或直射在传感器上形成一个稳定信号。当出现危险情况时,稳定信号被破坏,信号处理后,产生报警信号。

(3)按警戒范围分类,可分成点、线、面和空间探测报警器。

1)点控制报警器警戒的仅是某一点,如门窗、柜台、保险柜,当这一监控点出现危险情况时,即发出报警信号,通常由微动开关方式或磁控开关方式进行报警控制。

2)线控制报警器警戒的是一条线,当这条警戒线上出现危险情况时,发出报警信号。如光电报警器或激光报警器,先由光源或激光器发出一束光或激光,被接收器接收,当光和激光被遮断,报警器即发出报警信号。

3)面控制报警器警戒范围为一个面,当警戒面上出现危害时,即发出报警信号。如振动报警器装在一面墙上,当墙面上任何一点受到振动时即发出报警信号。

4）空间控制报警器警戒的范围是一个空间的任意处出现入侵危害时，即发出报警信号。如在微波多普勒报警器所警戒的空间内，入侵者从门窗、天花板或地板的任何一处入侵都会产生报警信号。

防盗报警器按防护场所的分类，见表3-1。

防盗报警器按防护场所分类表　　　　　表3-1

防护场所	适用报警器的类型
点　型	压力垫、点探测器、平衡磁开关及微动开关式
线　型	微波、红外、激光阻挡式、周界报警器
面　型	红外、电视报警器、玻璃破碎报警器
空间型	微波、被动红外、声控、超声波、双技术报警器

（4）按防护部位分类，可分为开口部位、通道、室内空间和周界防盗报警器，见表3-2。

防盗报警器按防护部位分类表　　　　　表3-2

防护部位	适用报警器的类型
开口部位	电视、红外、玻璃破碎、各类开关报警器
通　道	电视、微波、红外、开关式报警器
室内空间	微波、声控、超声波、红外、双技术
周　界	微波、红外、周界报警器

另外，磁控开关和微动开关报警器常用作点控制报警器；主动红外、感应式报警器常用作线控制报警器；振动式、感应式报警器常用作面控制报警器。

而声控和声发射式、超声波、红外线、视频运动式、感温和感烟式报警器常用作空间防范控制报警器。

也有的按报警器材用途分类，如防盗防破坏报警器、防火报警器、防爆炸报警器等。

有时还按探测电信号传输信道分类，分为有线报警器和无线报警器。

二、传输系统

信号传输信道种类极多，通常分有线信道和无线信道。有线信道常用双绞线、电力线、电话线、电缆或光缆传输探测电信号。而无线信道则是将控测电信号调制到规定的无线电频段上，用无线电波传输控测电信号。

三、控制器

控制器通常由信号处理器和报警装置组成。由有线或无线信道送来的探测电信号经信号处理器作深入处理，以判断"有"或"无"危险信号，若有情况，控制器就控制报警装置，发出声、光报警信号，引起值班人员的警觉，以采取相应的措施；或直接向公安保卫部门发出报警信号。

第二节　防盗报警系统的设计要求

一、系统设计的一般要求

防盗报警系统应由探测器、传输系统和控制设备组成，并应附加音、像（或两者之一）复核装置。应具备盗窃、抢劫的报警功能，具有用于指挥调动处警力量的通信手段，满足设计任务书要求的防范能力。设计时，应按国家现行的相关规定进行，并结合实际防范系统和接处警力量的情况。

1. 防盗报警系统的设计现场勘察的内容

（1）防护目标的自身特点及放置情况。设防部位建筑物结构、管道分布及物品布局情况，如：建筑物楼层、内外楼道、非正常通道、通风管道、暖气装置、家具陈设、各种供电线路的分布情况等。

（2）建设单位设防区域的周边环境，如四周交通和房屋状态、地形、地物等。

（3）了解设防部位电磁波辐射强度，记录电磁波干扰强度高的区域，作为系统抗干扰设计时参考。了解一年中室外最高温度、湿度、风、雨、雪、雾、雷电和最低温度变化情况及持续时间（以当地气象资料为准）。

（4）勘测各种探测器的安装位置，必要时应进行现场模拟试验，观察覆盖范围及能否可靠工作，并在平面图上标记出探测器及出线口的位置。勘测摄像机的安装位置，记录一天的光照度变化和夜间能提供的光照度情况。

2. 防盗报警系统线路敷设要求

设备及线路敷设方式的选择应符合防范要求，满足使用环境条件、并有合适的性能价格比。所选用设备、器材均必须为符合国家有关技术标准和安全标准，并经过国家指定检测中心检验合格的产品，进口设备、器材至少应有商检合格证书。

系统设计应考虑到系统进一步发展的可能性、应有利于系统规模的扩充及新技术的引用。系统应考虑安装方便、配置方便、使用方便。系统自身安全性、保密性要强。

3. 设计步骤

（1）防盗报警工程的设计必须根据国家有关标准进行。设计时必须全面了解建设单位的性质，从而确定防护范围的风险等级和保护级别。

（2）全面勘察防护范围，了解防护范围的特点，包括对地形、气候、各种干扰源的了解，以及发生入侵的可能性。

（3）确定防盗报警工程的功能要求和入侵探测器和种类。

（4）根据入侵探测器的探测范围画出布防图，有能力的应绘出覆盖图。必要时要进行现场试验，并结合实体防护系统和守卫值班力量的情况，对工程系统各项技术指标预期效果作出评估，提出严密的入侵报警系统方案。

（5）报送有关主管部门审查入侵报警工程方案，对其技术、质量、费用、工期、服务和预期效果作出评价，并根据审查意见进行修改。正式的施工设计必须按审查批准的方案进行。

二、防盗报警系统形式

基本可分二种：一级报警系统和多级报警系统。

1. 一级报警系统
(1) 小型电视监控及报警系统。
见图3-2。

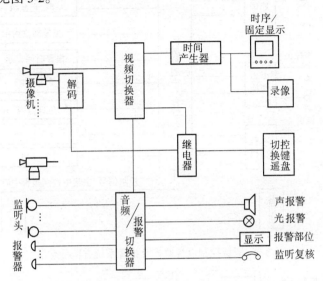

图3-2 小型电视监控及报警系统方框示意图

(2) 区域控制电视监控及报警系统。见图3-3。
2. 多级报警系统
指集中控制电视监控及报警系统，见图3-4。

三、设备选择要求

1. 报警装置
防盗报警工程系统必须结合实体防护系统和响应力量的情况，由防盗报警探测器、传输、监控中心和响应力量组成，并宜附加以电视监控和声音监听复核装置。
防盗报警工程系统应有自动报警探测器和手动报警两种触发装置。
2. 报警管理系统
报警工程系统可分为一级报警管理系统和多级报警管理系

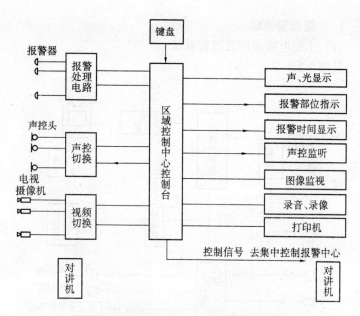

图 3-3 区域控制电视监控及报警系统方框示意图

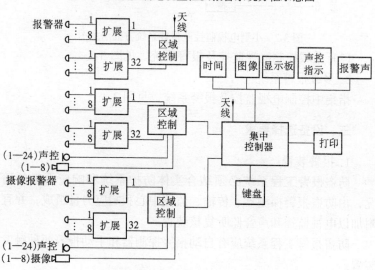

图 3-4 集中控制电视监控及报警系统方框示意图

统。

(1) 一级报警管理系统的设计应符合下列要求：

1) 系统中必须设置一台防盗报警控制器，但不应超过两台。

2) 防盗报警控制器安装在墙上时，其底边距地面的高度不应小于1.5m，靠近其门轴的侧面距离不应小于0.5m，正面操作距离不应小于1.2m。

3) 防盗报警控制器必须设在有人值班的房间或场所。

(2) 多级报警管理系统的设计应符合下列要求：系统中必须设置一台集中防盗报警控制器和多台区域防盗报警控制器，还必须考虑联网应变的可能性。

(3) 为确保防护范围的绝对安全，宜采用二种以上报警功能的入侵探测手段。在可能发生直接危害生命的防护地区，必须设置紧急防盗报警装置。紧急报警装置适用于发生入侵时有可能由人启动、直接发生报警信号的场所，如营业场所、值班室、收银台等。它包括手动报警开关和脚踢报警开关等，设置时必须隐蔽、操作方便，并采用防止误动作的措施。

3．报警设备选择

(1) 防盗报警用的探测器的选择应结合现场工作要求、特点及探测器的特性选用。各种报警探测器的工作特点见表3-3。

各种防盗报警器的工作特点　　表3-3

报警器名称		警戒功能	工作场所	主要特点	适于工作的环境及条件	不适于工作的环境及条件
微波	多普勒式	空间	室内	隐蔽，功耗小，穿透力强	可在热源、光源、流动空气的环境中正常工作	机械振动，有抖动摇摆物体、电磁反射物、电磁干扰
	阻挡式	点、线	室内、外	与运动物体速度无关	室外全天候工作，适于远距离直线周界警戒式	收发之间视线内不得有障碍物或运动、摆动物体

续表

报警器名称		警戒功能	工作场所	主要特点	适于工作的环境及条件	不适于工作的环境及条件
红外线	被动式	空间、线	室内	隐蔽,昼夜可用,功耗低	静态背景	背景有红外辐射变化及有热源、振动、冷热气流、阳光直射、背景与目标温度接近,有强电磁干扰
	阻挡式	点、线	室内、外	隐蔽,便于伪装,寿命长	在室外与围栏配合使用,做周界报警	收发间视线内不得有障碍物,地形起伏、周界不规则、大雾、大雪恶劣气候
超声波		空间	室内	无死角,不受电磁干扰	隔声性能好的密闭房间	振动、热源、噪声源、多门窗的房间,温湿度及气流变化大的场合
激光		线	室内、外	隐蔽性好,价高,调整困难	长距离直线周界警戒	(同阻挡式红外报警器)
声控		空间	室内	有自我复核能力	无噪声干扰的安静场所与其他类型报警器配合作报警复核用	有噪声干扰的热闹场合
监控电视（CCTV）		空间、面	室内外	报警与摄像复核相结合	静态景物及照度缓慢变化的场合	背景有动态景物及照度快速变化的场合
双技术报警器		空间	室内	两种类型探测器相互鉴证后才发出报警,误报极小	其他类型报警器不适用的环境均可用	强电磁干扰

(2) 防盗报警工程系统的器材、设备应选用经国家有关产品质量监督部门检验合格的产品。

(3) 自动报警探测器的使用宜配置声、像复核。声控报警探测器是利用传声器探测到入侵者强行入室或在室内进行破坏活动而产生的声音,从而发出报警信号的装置。它适合于背景噪声低而且稳定的场所,同时配以电视监控复核。

四、探测器的选型与安装设计

(一) 一般原则

1. 选用防盗探测器应遵循的基本原则

(1) 所选用的探测器必须符合入侵探测器通用技术条件及相关标准的技术要求,进口设备至少应有商检合格证书。在探测器防护区域内,有盗窃行为发生时不应产生漏报警,无盗窃行为发生时应尽可能避免误报警。

(2) 根据使用条件(设防部位、环境条件)和防区干扰源情况(如气候变化、电磁辐射、小动物出入等)选择探测器的类型。应根据防护要求选择具有相应技术性能的探测器。

2. 探测器的安装设计应遵循的基本原则

(1) 在防护区域内,探测器盲区边缘与防护目标间的距离应大于5m。探测器的作用距离、覆盖面积,一般应留有 25% ~ 30%的余量,应能通过灵敏度调整进行调节。

(2) 设防部位的探测器应满足的条件为:防护区域内无盲区,探测器灵敏度满足防范要求,在交叉覆盖时,应避免相互干扰。

(3) 重点防护目标或部位应设计为多层次防护(如室外周界、室内空间、重点防护目标或部位本身三层防护)。与报警联动的摄像机或照相机的防范区域,应设计与探测器同步的照明系统。在安装设计时,应避免各种可能的干扰。

(二) 常采用的防盗报警设防措施

防盗报警设防措施有许多,随着探测器产品的发展,其功能越来越完善、有效和可靠。

（1）栅栏加电场线感应式探测器组成的周界防护系统。以及砖墙上加栅栏结构，配置电场线感应式探测器组成的周界防护系统。

（2）以主动红外防盗探测器、阻挡式微波探测器、电动式振动（地音）探测器或埋入式泄漏电缆探测器等组成的无屏障周界防护系统。

（3）以玻璃破碎探测器组成的室内周界探测系统。以磁控开关与门、窗组成的室内周界探测系统。以各种微动开关或接近开关构成的具体保护目标探测装置。

（4）通道安装的压力探测装置。控制空间某一区域的各种入侵移动探测装置。固定或移动式紧急报警装置。视频报警装置以及出入口控制装置等。

（三）常用防盗探测器的特点及安装设计要求

1. 开关式探测器

（1）磁控开关

主要用于各类门、窗的警戒，其安装设计要点：

1）注意所防护门窗的质地，一般普通的磁控开关仅能用于木质的门窗上，钢、铁、铝门窗应采用专用型磁控开关。

2）所选用磁控开关的控制距离至少应为被控制门、窗缝隙的 2 倍。

3）磁控开关应安装在距门窗拉手边 150mm 的位置；舌簧管安装在门、窗框上，磁铁安装在门、窗扇上，两者间对准，间距 0.5cm 左右。

4）一般情况下，特别是人员流动性较大的场合最好采用暗装磁开关，引出线也要加以伪装。

5）设防部位位于强磁场中，或有可能经常性遭受振动以及门窗缝隙过大或不易固定的场所，不宜使用磁控开关。

（2）微动开关

微动开关常用于放在被保护物体的下面（也可用于门、窗合页侧），物体被移开时发出报警。微动开关可用于任意质地的物体，且防震性能好，但开关机械触点抗氧化、腐蚀及动作灵活程度较磁控开关要差。

（3）水银触点开关

水银触点开关可用于防范保险柜等大型物体被非法搬运。

（4）用金属丝、金属箔等导电体的断裂代替开关

使用时绑扎在物品上，用于防范非法移动或取走物品。也可粘贴在门、窗、展柜等部位，用于防范非法开启。采用这种方法时，应加以伪装，如经常活动部位应采取防护措施。

（5）压力垫

压力垫通常放在窗户、楼梯和保险柜周围的地毯下面，形成通往被防护目标通道上的一道防线。

2. 被动红外探测器

被动红外探测器常用于室内防护目标的空间区域警戒。

（1）特点

被动红外探测器功耗低、隐蔽性好。同一室内可安装多台，探测区任意交叉互不干扰。灵敏度随室温升高而下降，探测范围也随之减小。探测区内有热变化或热气流流过易造成误报。红外线穿透性差，遇遮挡造成盲区。

（2）防误报、漏报技术措施

防误报、漏报的措施有：采用自动温度补偿技术，抗小动物干扰技术，抗强光干扰技术，以及采用防遮挡技术。

（3）安装设计要求

1) 壁挂式被动红外探测器，安装高度距地面应为2.2m左右为宜，视场与可能入侵方向应为90°，探测器与墙壁的倾角视防护区域覆盖要求来确定。

2) 吸顶式被动红外探测器，一般安装在重点防范部位上方附近的天花板上，并应水平安装。

3) 楼道式被动红外探测器，视场面对楼道（通道）走向，安装位置以能有效封锁楼道（或通道）为准，距地面高度以

2.2m 左右为宜。

4) 应合理选择透镜结构, 使其视场形状适合防范区域的要求。被动红外探测器的视窗不应正对强光源以及阳光直射的窗口。被动红外探测器的附近及视场内不应有可能引起温度快速变化的热源, 如暖气、火炉、电加热器、热管道、空调的出风口等。被动红外探测器的防护区内不应有障碍物。

3. 微波—被动红外双技术探测器

微波—被动红外双技术探测器用于室内防护目标的空间区域警戒。

(1) 探测器特点

与被动红外单技术探测器相比较, 微波—被动红外双技术探测器误报警少, 对环境条件要求宽, 安装使用方便。但是, 增加了漏报的可能性和这类探测器功耗比较大。

(2) 防误报、漏报技术措施

应采用抗小动物干扰技术, 当两种探测技术中有一种失效或发生故障时, 在发出故障报警的同时, 应能自动转换为单技术探测工作状态, 以减少误报、漏报的几率。

(3) 安装设计要求

1) 壁挂式微波—被动红外探测器, 安装高距地面以2.2m左右为宜, 视场与可能入侵方向应成45°为宜。若受条件限制, 应首先考虑被动红外单元的灵敏度, 探测器与墙壁的倾角视防护区域覆盖要求来确定。

2) 吸顶式微波—被动红外探测器, 一般应安装在重点防范部位上方附近的天花板上, 并应水平安装。

3) 楼道式微波—被动红外探测器, 视场面对楼道 (通道) 走向, 安装位置以能有效封锁楼道 (或通道) 为准, 距地面高度以2.2m左右为宜。

4) 安装时应避开能引起两种探测技术同时产生误报的环境因素, 防范区内不应有障碍物。

4. 多维驻波探测器

多维驻波探测器适用于展柜、商品柜等的小型密闭空间的警戒。

（1）探测器特点

多维驻波探测器可以全方位警戒，没有盲区。可全天候工作，不受观众或顾客的影响。

（2）安装设计要求

多维驻波探测器宜安装在展柜后侧上部的某一角落处。探测器视场轴线与展柜前侧玻璃以有30°尖角为宜，不允许正对玻璃。相邻展柜采用多探测器联网组合运用时，所用同步信号线应采用双绞线，并且要求同步器的接地点靠近电源地。

5．声控—振动双技术玻璃破碎探测器

声控—振动双技术玻璃破碎探测器主要用于对门窗、展柜等玻璃的警戒。

（1）探测器特点

声控—振动双技术玻璃破碎探测器，避免了声控或振动单技术探测器因受环境干扰，如噪声或其他振动而导致的误报。但是，和单技术探测器相比较，增加了漏报的可能性。

（2）安装设计要求

1）声控—振动双技术玻璃破碎探测器应安装在玻璃附近的墙壁或天花板上。

2）在同时警戒两处以上门窗玻璃时，探测器的位置应居中，并且探测范围应能满足要求。

6．主动红外探测器

主动红外探测器主要用于室内房间周边、重点区域周边的警戒，以及室外周界警戒。

（1）探测器特点

主动红外探测器的警戒线具有直线性，警戒线为非可见光，所以隐蔽性好。警戒线或警戒网组合灵活方便。在室外应用时，可靠性受环境气候，如雾、细雨、雪、霜、风沙等，以及环境飘浮物，如落叶、塑料袋和动物，如飞鸟、猫等的影响较大。

(2) 防误报、漏报的技术措施

主要措施有：可以采用双射束或四射束鉴定技术，内设自动增益控制电路，浓雾或天气恶劣时，能自动增加灵敏度，外壳具有防雨、防雾、防霜、遮阳功能，并安装校对显示装置等。

(3) 安装设计要求

1) 安装时红外光路中不应有阻碍物，如室内窗帘飘动，室外树木晃动等。探测器安装方位不应有阳光直射接收机的透镜，在周界有两组以上收发射机构成时，应选用不同的脉冲调制红外发射频率，以防止交叉干扰。

2) 应正确选用探测器的环境适应性能，室内用探测器不能用于室外。室外用探测器的最远警戒距离，应按其最大射束距离的 1/6 计算。室外应用时，应隐蔽安装。主动红外探测器不宜应用于气候恶劣，特别是经常有浓雾、毛毛细雨的地域，以及环境脏乱或动物经常出没的场所。

7. 电动式振动探测器

电动式振动探测器适用于室内、外周界警戒及防凿、砸金库、保险柜等场合。

(1) 探测器特点

电动式振动探测器为面控型，在实体屏障突破之前即可发出报警，室外周界警戒形状组成灵活，隐蔽性能好。但是，传感器中的活动部件易磨损（需半年检修一次）。

(2) 安装设计要求

1) 电动式振动探测器通常安装在可能入侵的墙壁、天花板、地面或保险柜上。室内应用场合，采用明敷、暗敷均可。安装在墙体时，距地面高度应以 2~2.4m 为宜，传感器应垂直于墙面。室外安装时，一般埋入地下，深度以 10cm 左右为宜，不宜埋置在土质松软地带。

2) 安装的位置应远离振动源，如室内冰箱、空调等，室外树木、拦网桩柱等。室外应用时，一般应与振动源保持 1~3m

以上距离，室内应用时酌情处理。不宜安装于附近有强振动干扰源的场所，如附近临公路、铁路、水泥构件厂等。

8．电动式振动电缆探测器

电动式振动电缆探测器适用于室内周界警戒。

（1）探测器特点

因为电缆易弯曲，可用于地形复杂的周界防护。电缆本身无需电源，所以可在不宜进入电源的易燃易爆场所安装使用。这类探测器不受温度和湿度的影响。但是由于外界振动干扰，如小动物爬越、冰雹等引起的振动较大时，易产生误振，另外这类探测器功耗较小。

（2）防误报、漏报技术措施

防误报、漏报的措施为：采用微处理机时，适当选择报警条件，并可适当选择灵敏度。

（3）安装设计要求

1）探测器安装在网状围拦上时，电缆应敷设在围拦的2/3高度处，固定间隔应小于30cm，且应每10m预留一个直径为8～10cm的维护环。

2）安装在栅状围拦上时，应将传感电缆穿入金属管内置于栅栏的顶端，固定金属管的卡子与管子之间应留有少量活动空间，以便入侵时能够产生振动。在围墙上安装有三种方式：

①电缆穿入金属管，用金属支架将金属管宽松地固定在围墙内侧或外侧上方；

②在围墙上安装铁刺网，电缆敷设在铁刺网上，敷设方法与网状围拦情况类同；

③对于安装高度，应采用支架将电缆固定在围墙内侧或外侧的2/3高度处。

3）当电缆敷设经过大门时，应将电缆穿入金属管埋入地下1m深处。室内安装时，将电缆敷设在可能入侵的房屋墙体的2/3高度或安装在天花板、地板上，采用明敷、暗敷均可。装有前置信号处理器的接线盒应固定安装在传感电缆附近的桩柱或墙体上，应注意防破坏，并应良好接地。电缆分区应适当，每个警戒区域不宜过长，不应超过300m，以便能确定入侵部位。

9. 泄漏电缆探测器

泄漏电缆探测器常用于室外周界，或隧道、地道、过道、烟囱等处的警戒。

（1）探测器特点

泄漏电缆探测器的隐蔽性好，可形成一堵看不见的，但有一定厚度和高度的电磁场的"墙"。电磁场探测区不受热、声、振动、气流干扰源影响，而且受雾、雨、雪、风、温、湿等气候变化影响小。电磁场探测区又不受地形、地面不平坦等因素的限制。设有探测盲区。但这类探测器功耗较大。

（2）防误报、漏报的技术措施

为了防误报和漏报，可以采用信号数字化处理、存储鉴别技术和采用入侵位置判别技术。

（3）安装设计要求

泄漏电缆应隐蔽的安装在隧道、地道、过道、烟囱、墙内或埋入警戒线的地下。在室外应用时，埋入深度及两根电缆之间的距离视电缆结构、电缆介质、环境及发射机的功率而定。泄漏电缆探测主机应就近安装在泄漏电缆附近的适当位置，注意隐蔽安装，以防止被破坏。泄漏电缆通过高频电缆与泄漏电缆探测主机相连，主机输出送往报警控制器。当周界较长，需由一组以上泄漏电缆探测装置警戒时，可将几组泄漏电缆探测装置适当串接起来使用。泄漏电缆埋入的地域应尽量避开金属堆积物，在两电缆间场区不应有如树木等易移动物体。

10. 电场线感应式探测器

电场线感应式探测器常应用于室外周界警戒。

（1）探测器特点

使用电场线感应式探测器时，其电磁感应探测区不受热、声、振动、气流干扰源影响，而且受雾、雨、雪、风、温、湿等气候变化影响小，这类探测器价格较低。

(2) 防误报、漏报的技术措施

和泄漏电缆探测器相同，为了防误报、漏报，应采用信号数字化处理、存储、鉴别技术和入侵位置判别技术。

(3) 安装设计要求

电场线感应式探测器安装时，应注意将其安装在周边钢丝网的中部或顶部、围墙的顶部，或单独安装在地面的柱桩上。场线与感应线间距离应根据具体产品的技术性能来确定，两者之间应保持平行，安装时应采用紧线器拉紧。场线与感应线的数目可以是一对一，也可以是一对二。对于一对二的情况，两根感应线应分放在场线的两侧。当周界较长、又需由一组以上探测装置警戒时，应将几组电场感应线探测装置适当串接起来使用。

11. 紧急报警装置

紧急报警装置常用于可能发生直接威胁生命的场所，如银行营业所、值班室、收银台等，利用人工启动手动报警开关、脚踢报警开关等，发出报警信号，这种装置可采用有线或无线传输两种报警方式。

(1) 防误报、漏报技术措施

安装使用时，应采取防误触发措施，触发报警后能自锁的措施，应采用复位是人工再操作的方式。无线紧急报警装置的发射机应能在整个防范区域内达到触发报警的要求。

(2) 安装设计要求

紧急报警装置应安装在紧急情况下人员易可靠触发的部位，并应隐蔽安装。

(四) 传输方式的选择与布线设计要求

1. 传输方式的选择

传输方式应能快捷、准确地传输探测信号，且性能稳定，受环境影响小，又具有防破坏能力。传输方式的确定取决于报警系统中警戒点分布、传输距离、环境条件、系统性能要求，以及信息容量等因素。对于可靠性要求高及布线便利的系统，应优先选用有线传输方式，尤以选用专用线传输为佳。对于布线困难的情况，可考虑采用无线传输方式，但应选用抗干扰能力强的设备。

报警网的主干线，特别是借用公用电话网构成的区域报警网，以及防护级别高的系统，如金融、文物单位等，应采用以有线传输为主、无线传输为辅的双重报警传输方式，并应配置必要的有线、无线转接装置。

2．专用线系统布线设计的要求

（1）设计原则

1）系统布线设计应符合工业企业通信设计规范，以及国家现行的相关标准、规范的规定。前端探测器和入室线应采用铜芯屏蔽线。信号传输线路耐压不低于交流 250V，线芯截面除应满足系统的技术要求外，还应满足机械强度的要求，导线的最小截面的规定，见表 3-4。

铜芯绝缘导线、电缆芯线的最小截面　　　　表 3-4

序号	类别	线芯的最小截面（mm^2）
01	穿管敷设的绝缘导线	1.00
02	线槽内敷设的绝缘导线	0.75
03	多芯电缆	0.50

2）探测器电源供电传输线路，应采用耐压不低于交流 500V 的铜芯绝缘多股电线或电缆，供电距离大于 50m 以上距离的电源线，所选用线径不应小于 0.75mm。

3）路径选择应以美观、施工维护方便、走线路径尽量短捷、安全可靠为原则，并应尽量隐蔽，防止被破坏，强电、弱电线路应分开敷设，避免互相产生干扰。

（2）室内布线设计要求

1）室内线路的敷设应符合建筑电气设计技术规程的规定。应采用金属管、硬质或半硬质塑料管、塑料线槽等穿线，探测信号线应优先选用金属管。布线使用的非金属管材、线槽及附件应采用不燃或阻燃性材料制成。选用管线内截面应至少留有 1/3 的余量，线槽内的截面至少留有 1/3 的余量。探测器至接线盒或管线间的连线应加软管进行保护。

2）信号线路暗敷时，不应与照明线或电力线同管或同槽、同出线盒、同连接箱。报警系统线路的电缆竖井应与强电电缆的竖井分开设置，如受条件限制必须合用时，报警系统线路和强电线路应分别布置在竖井的两侧，尽量避免干扰。

(3) 室外布线设计要求

室外线路敷设有四种方式：

1）架空式。线路路径上有可利用的线杆时，可采用架空敷设方式。

2）管道式。线路路径上有可利用的管道时，可采用管道敷设方式。

3）直埋式。线路路径上没有管道，立杆不便，可采用直埋敷设方式。

4）壁挂式。线路路径有建筑物可利用时，采用墙壁固定敷设方式。

架空敷设时，同共杆架设的电力线（1kV 以下）的间距不应小于 1.5m，同广播线的间距不应小于 1m，同通信线的间距不应小于 0.6m。直埋式引出地面的出线口，应选在隐蔽地点，并应在出口处设置从地面计算高度不低于 3m 的出线防护钢管，且周围 5m 内不应有易攀登的物体。电缆线路由建筑物引出时，应避开避雷针引下线，若不能避开处，两者平行距离应 $\geq 1.5m$，交叉间距应 $\geq 1m$，并应防止长距离平行走线，在不能满足上述要求时，可在间距过近处对电缆加缠铜皮屏蔽，屏蔽层要有良好的就近接地装置。在中心控制室电缆汇集处，应对每根入室电缆在接线架上加装避雷装置。

3. 无线传输系统设计要求

(1) 传输频率

国家无线电管理委员会分配给报警系统专用的无线传输频率有：

第一组　36.050MHz　36.075MHz　36.125MHz
第二组　36.350MHz　36.375MHz　36.425MHz
第三组　36.650MHz　36.675MHz　36.725MHz
发射功率在 1W 以内，经批准最大不超过 10W。

(2) 使用性能要求

1) 当探测器进入报警状态时，发射机应立即发出报警信号，并应具有一设定周期的时间间隔后重复发射报警信号的功能。

2) 控制器应具有同时接收处理多路报警信号的功能，不应产生漏报。

3) 应具有自检和对使用信道进行监视的功能，当出现连续阻塞信号或干扰信号超过 30s，足以妨碍正常接收报警信号时，接收端应有故障信号显示。

(3) 安装要求

1) 接收机安装位置应由现场试验确定，以保证接收到防范区域内任何发射机发出的报警信号。

2) 固定安装的无线报警发射机，应有防拆报警和防止人为破坏的实体保护壳体。

3) 固定安装的无线报警发射机，应有电源欠电压指示，当其电源工作在欠电压状态时，应发射故障信号给中心控制室的接收机，以便及时更换发射机的电源，保证其正常工作。

(4) 用电要求

1) 发射机使用的电池应保证有效使用时间不少于 6 个月，在发出欠电压报警信号后，电源应能支持发射机正常工作 7 天。

2) 防盗报警专用的微功率无线传输频率为：315.0~316.0MHz 以及 430.0~432.0MHz。并规定无线报警控制设备所发射的电场强度在距设备 3m 处不得超过 $6000\mu V/m$。

(五) 控制设备的选型与控制室的布局设计要求

控制设备的选型与控制室的布局设计分为：小型系统和大、中型系统两大类。

1. 小型系统

(1) 控制设备的选型

控制设备常采用报警控制器,主要分为台式、柜式和壁挂式三种,对于小型系统的控制器,一般采用壁挂式报警控制器。

1) 控制器应符合防盗报警控制器通用技术条件的规定。

2) 应具有可编程和联网功能,并设有操作员密码,可对操作员密码进行编程,密码组合不应小于10000。

3) 控制器应具有本地报警功能,本地报警喇叭声强级应大于80dB。

4) 接入公共电话网的报警控制器应满足有关部门入网技术的要求。

5) 应具有防破坏功能。

(2) 值班室的布局设计要求

1) 控制器应设置在值班室(或称监控中心),室内应无高温、高湿及腐蚀气体,且环境清洁。壁挂式控制器在墙上的安装位置,其底边距地面的高度不应小于1.5m,如靠门安装时,靠近其门轴的侧面距离不应小于0.5m,正面操作距离不应小于1.2m。

2) 控制器的操作显示面板应避开阳光直射。引入控制器的电缆或电线的位置应保证配线整齐,不应交叉。控制器的主电源引入线应直接与电源连接,不应采用电源插头。值班室应安装防盗门、防盗窗和防盗锁,设置紧急报警装置以及同处警力量联络和向上级部门报警的通信设施。

2. 大、中型系统

(1) 控制设备的选型

对于大、中型系统常采用柜式或台式的报警控制台。控制台应符合防盗报警中心控制台的相关规定。

1) 控制台应能自动接收用户终端设备发来的报警音、像复核的各种信息,采用微处理技术时,应同时在微机屏幕上实时显示,并发出声、光报警。对于大型系统还可配置大屏幕电子地图或投影装置。

2）控制设备应能对现场进行音、像复核。应具有系统工作状态实时记录、查询及打印功能。应设置"黑匣子",用以记录系统的开机、关机、报警、故障等多种信息,且值班人员无权更改。要求显示直观、操作简便,并要求有足够的数据输入、输出接口,包括报警信息接口、视频接口、音频接口,并留有扩充的余地。

3）控制设备应具备防破坏和自检功能,具有联网功能。接入公共电话网的报警控制台应满足有关部门入网技术的要求。

（2）控制室的布局设计要求

1）控制室应为设置控制台的专用房间,室内要求无高温、高湿及腐蚀气体,并且环境清洁。控制台后面板距离墙面不应小于 0.8m,两侧距墙也不应小于 0.8m,正面操作距离不应小于 1.5m。

2）微机显示屏应避开阳光直射。控制室内的电缆敷设应采用地槽,且槽高、槽宽应满足敷设电缆的需要和电缆弯曲半径的要求。优先采用防静电活动地板,其架空高度应大于 0.25m,并根据机柜、控制台等设备的相应位置,留有进线槽和进线孔。

3）引入控制台的电缆或电线的位置应保证配线整齐、不交叉。控制台的主电源引入线应直接与电源连接,不应采用电源插头。应设置同处警力量联络和向上级部门报警的专线电话,通信手段且不应少于两种。

4）控制室应安装防盗门、防盗窗和防盗锁、并设置紧急报警装置。室内要求设卫生间和专用空调设备。

第三节　防盗报警器（探测器）

探测器是探测入侵者移动或其他动作的由电子及机械部件组成的装置。是防盗报警系统的前端设备也是系统的重要组成部分。探测器通常由传感器和前置信号处理电路两部分组成。

一、传感器

传感器是指能够以一定的精度反应输入的被测量与输出的电量之间对应关系的转换装置。传感器是由敏感元件、转换元件和基本转换电路组成。见图 3-5。

图 3-5　传感器组成框图

1. 敏感元件

敏感元件直接感受被测量,并以确定关系输出某一物理量。

2. 转换元件

转换元件将敏感元件输出的非电物理量转换成电参数量,如电压、电流、电阻、电感、电容等。

3. 基本转换电路

将电路参数量转换成便于测量的电量。如电压—电流、电流—电流、电荷—电压、电阻—电压、电压—频率、电容量—脉冲率、脉冲率—电压的转换。

传感器常配以各种接口电路,输出各种量值,除了模拟量的变换,还常要进行数/模和模/数转换,以配合计算机的应用,达到许多实用的功能。

传感器在制作过程中,为了避免体积庞大,许多变换电路不和敏感元件装在一个壳体内,如装在电控箱中。

(一)传感器的分类

1. 按被测物理量分类

这种分类方法明确地表示了传感器的用途,便于使用者选择,常见的非电基本物理量与其对应的派生量,见表 3-5。

2. 按传感器工作原理分类

这种分类方法清楚地表明了传感器工作原理,有利于传感器的设计和应用。

基本物理量与其派生物理量　　　　　　　　　　表 3-5

基本物理量		派 生 物 理 量
位移	线位移	长度、厚度、位置、振幅、表面波度、表面粗糙度、应变
	角位移	角度、偏振角、俯仰角、方位角
速度	线速度	振动、流量、周期、频率
	角速度	角度、转速、角振动、周期、频率
力		重量、密度、力矩、应力、声压、噪声、变形
温度		热量、比热容、能耗
湿度		水分、露点
光		光通量、色、透明度、光谱、红外光、照度、可见光
磁场		磁通量、场强、电场强
气体		烟雾浓度

(1) 电阻应变片式。弹性材料发生应变时，材料本身的电阻值发生变化。

(2) 固态电阻式。利用半导体材料的压阻效应。

(3) 自感式。改变磁路磁阻连线圈自感发生变化。

(4) 互感式（变压器式）。改变互感。

(5) 电涡流式。利用电涡流现象改变线圈自感、阻抗。

(6) 压磁式。利用导磁体的压磁效应。

(7) 感应同步器。两个平面绕组的互感随位置不同而变化。

(8) 磁电感应式。利用导体和磁场相对运动产生的感应电势。

(9) 霍尔式。利用半导体霍尔元件的霍尔效应。

(10) 磁栅式。利用磁头相对磁栅位置或位移将磁栅上的磁信号读出。

(11) 正压电式。利用压电元件的正压电效应。

(12) 声表面波式。利用压电元件的正、逆压电效应。

(13) 电容式。改变电容量。

(14) 容栅式。改变电容量或加以激励电压产生感应电势。

(15) 光电式一般形式。改变光路的光通量，再用各种光电器件的光电效应将光信号转换成电信号。

(16) 光栅式。利用光栅副形成的莫尔条纹和位移的关系。

(17) 光纤式。利用光导纤维的传输特性或材料的光电效应。

(18) 光学编码式。利用编码器转换成亮暗光信号。

(19) 固体图像式。利用半导体集成感光像素光电转换、存贮、扫描，如 CCD、PSD。

(20) 激光式。利用激光干涉、多普勒效应、衍射及光电器件。

(21) 红外式。利用红外辐射的热效应或光电效应。

(22) 热电偶。利用温差电效应（塞贝尔效应）。

(23) 热电阻。利用金属的热电阻效应，受热后导电率提高的原理。

(24) 热敏电阻。利用半导体的热电阻效应，受热后电阻率下降的原理。

(25) 气电式。利用气动测量原理，改变气室中压力或管路中流量，再由电感式、光电式等传感器转换成电信号。

(26) 陀螺式。利用陀螺原理或相对原理。

(27) 谐振式。改变、振弦、振筒、振膜、振梁、石英晶体的固有参数来改变谐振频率，输出频率电信号。

(28) 超声波。改变超声波声学参数，接收并转换成电信号。

(29) 微波。利用微波在被测物的反射、吸收等特性，由接收天线接收并转换成电信号。

(30) 射线式。利用被测物对放射线的吸收、反散射或射线对被测物的电离作用，并由探测器输出电信号。

3. 按传感器转换能量的情况分类

按传感器转换能量的情况分为：能量转换型和能量控制型两

大类。

(1) 能量转换型。又称发电型，不需外加电源而把被测能量转换成电能量输出。这类传感器有压电式、磁电感应式、热电偶、光电池等。

(2) 能量控制型。又称参量型，需外加电源才能输出电能量。这类传感器有电阻式、电容式、电感式、霍尔式等传感器，还有热敏电阻、光敏电阻、湿敏电阻等。

4. 按传感器的工作机理分类

按传感器的工作机理分为：结构型和物性型两大类。

(1) 结构型。被测参数变化引起传感器的结构变化，使输出电量变化，利用物理学中场的定律和运动定律等构成。定律方程式就是传感器工作的数学模型。电感式、电容式、光栅式等传感器就属于结构型传感器。

(2) 物性型。利用某些物质的某种性质随被测参数变化而变化的原理构成。传感器的性能与材料密切相关，如光电管、各种半导体传感器、压电式传感器等都属于物性型传感器。

5. 按传感器转换过程可逆与否分类

按传感器转换过程可逆与否分为单向和双向两类。

(1) 单向。只能将被测量转换为电量，不能反向转换的传感器称为单向传感器。绝大多数传感器属于这一类。

(2) 双向。能在传感器的输入、输出端作双向传输，即具有可逆特性的传感器称为双向传感器，如压电式和磁电感应式传感器。

6. 按传感器输出信号的形式分类

按传感器输出信号的形式分：模拟式和数字式两类。

(1) 模拟式。传感器输出的为模拟信号，相当多的传感器是属于这一类。

(2) 数字式。传感器输出数字信号，如编码器式传感器。这类传感器可以应用计算机技术，是有极大的发展前途。

(二) 传感器的特性

传感器的特性主要是指输出与输入之间的关系,有静态特性和动态特性之分。

1. 传感器的静态特性

当传感器的输入量为常量或随时间作缓慢变化时,传感器的输出与输入之间的关系称为静态特性,简称静特性。表征传感器静特性的指标有:线性度、灵敏度、重复性等。

(1) 线性度

又称非线性误差。是指被测值处于稳定状态时,传感器输出和输入之间的关系曲线(称标准或标定曲线)对拟合直线的接近程度。用计算式来表示:

$$\gamma_L = \pm \frac{\Delta_{Lm}}{\gamma_{FS}} \times 100\%$$

式中　γ_L——引用非线性误差;

　　　Δ_{Lm}——标定曲线对拟合直线的最大偏差;

　　　γ_{FS}——满量程输出值。

选取的拟合直线不同,所得的线性度值也不同。较常用的拟合直线方法有最小二乘法、端点法、端点平移法等。

(2) 灵敏度 S_o 及灵敏度误差 γ_s

灵敏度表示传感器对测量变化的反应能力。是指传感器输出变化量 $\Delta\gamma$ 与引起此变化的输入变化量 Δx 之比,即

$$S_o = \frac{\Delta\gamma}{\Delta x}$$

灵敏度误差　　$\gamma_s = \frac{\Delta S_o}{S_o} \times 100\%$

(3) 迟滞

迟滞是指传感器在正(输入量由小到大)反(输入量由大到小)行程中输出输入特性曲线的不重合度。迟滞误差一般以满量程输出 γ_{FS} 的百分数来表示

$$\gamma_H = \pm \frac{\Delta_{Hm}}{\gamma_{FS}} \times 100\% \text{ 或 } \gamma_H = \pm \frac{1}{2} \cdot \frac{\Delta Hm}{\gamma_{FS}} \times 100\%$$

式中 γ_H——迟滞误差;

Δ_{Hm}——正反行程的最大偏差。

(4) 重复性

重复性是指传感器在输入量按同一方向作全量程连续多次变动时所得特性曲线不一致的程度。重复性误差用满量输出的百分数来表示:

1) 近似计算 $\gamma_R = \pm \dfrac{\Delta_{Rm}}{\gamma_{FS}} \times 100\%$

2) 精确计算 $\gamma_R = \pm \dfrac{2 \sim 3}{\gamma_{FS}} \sqrt{\sum\limits_{i=1}^{n} \dfrac{(\gamma_i - \bar{\gamma})^2}{n-1}} \times 100\%$

式中 Δ_{Rm}——输出最大重复性偏差;

γ_i——第 i 次测量值;

$\bar{\gamma}$——测量值的算术平均值;

n——测量次数。

(5) 稳定性

稳定性是指传感器在长时间工作情况下(输入不变),输出量的变化。

稳定性可用相对误差表示,也可用绝对误差来表示。

(6) 精确度

精确度是指传感器的系统误差与随机误差的综合指标,表示测量结果与其理论值(真值)的靠近程度。一般用极限误差或极限误差与满量程输出之比的百分数来表示。

(7) 温度稳定性

当外界温度变化时,输入量不变的情况下,输出量发生的变化,又叫温度漂移。是传感元件本身的温漂和转换电路受温度变化影响的综合结果,在要求较高的情况下要加恒温、散热装置或采取温度补偿措施,如差动测量法。

(8) 分辨力

分辨力是指传感器能检测到的最小的输入增量。

在输入零点附近的分辨力称为阀值。

(9) 零漂

零漂是指传感器在零输入状态下，输出值的变化。可用相对误差表示，也可用绝对误差表示。

(10) 抗干扰稳定性

传感器抵抗外界干扰的能力。干扰一般是指一些随机干扰，如冲击、振动、电磁场，以及由于人体接触所带来的干扰电容和红外线等信号。一般要采取电磁屏蔽措施，或防振动、冲击的保护壳。

2. 传感器动态特性

传感器的输出量对于随时间变化的输入量的响应特性称为传感器的动态特性，动态特性简称为动特性。

传感器的动特性取决于传感器本身及输入信号的形式。传感器按其传递、转换信号的形式可分为接触式环节（以刚性接触形式传递信息）、模拟环节（多数是非刚性传递信息）和数字环节三类。若兼有几种环节，则应综合分析，常以其中最薄弱环节的动特性为该传感器的动特性。动态测量输入信号的形式，通常采用正弦周期信号和阶跃信息来表示。

(1) 接触式传感器的动特性

接触式传感器是指在测量过程中，传感器与被测物体之间通过一定的附加力保持接触来测量被测物体的运动状态，而不是采用刚性的连接方法。受传感器响应速度和附加力大小的影响，传感器可能会瞬时脱离物体表面。这类传感器主要采用临界频率、临界速度和稳定时间等指标来评定它们的动态特性。

1）临界频率：

正弦周期信号输入时，传感器测杆与被测对象、传感器内的接触传动副之间不发生脱离时，所输入正弦信号的最高频率。

求临界频率的方法：列出测杆与接触传动部分的运动方程；求出在正弦输入时不发生脱开各接触环节的上限频率，其中最小者为临界频率。

2）稳定时间：

物件进入测位与传感器测杆产生碰撞（相当于输入阶跃信号）运动，直至测杆稳定接触工件所需的时间。

3）临界速度：

物件强制进入测位，撞击测杆，保证测杆不脱离物件表面，物件的最高行进速度。

$$v_o = 2\omega_o \sqrt{b(2a-b)}/\sin2\beta$$

式中 ω_o——传感器运动部分的角频率，$\omega_o = \sqrt{k/m}$，其中 k 为弹簧总刚度，m 为测杆质量；

b——被测物件上端点与测杆下端点的距离；

$2a$——物件高度；

β——物体速度的方向与碰撞点切线方向的夹角。

（2）模拟式传感器的动特性

通常把模拟传感器看成是线性、定常、集中参数的系统，并分别用零阶、一阶和二阶的常微分方程表示其输出与输入之间的关系。凡是能用一个一阶线性微分方程表示的传感器称为一阶传感器，其他类推。实际模拟传感器以一阶、二阶的居多，高阶（三阶和三阶以上）的较少，且高阶传感器一般可分解为若干个二阶环节和一阶环节，有时则采用实验方法获得其动态特性。

模拟式传感器的动特性有：传递函数、频率响应函数、幅频特性、相频特性、脉冲响应函数、单位阶跃响应函数、单位斜坡响应函数等。

1）传递函数 $H(s)$：

传递函数 $H(s)$ 是在复域 S 内对传感器传递信号的特性进行描述，它只取决于传感器本身的结构参数，与输入输出函数无关。

初始条件为零时，输出 $y(t)$ 的拉氏变换 $Y(s)$ 和输入 $X(t)$ 的拉氏变换 $X(s)$ 之比，定义为传递函数。

$$H(s) = \frac{Y(s)}{X(s)} = \frac{b_m S^m + b_{m-1} S^{m-1} + \cdots\cdots + b_1 S + b_o}{a_n S^n + a_{n-1} S^{n-1} + \cdots\cdots + a_1 S + a_o}$$

式中 S——拉氏变量,也称为复频率,$S = \delta + j\omega$;

$a_n, a_{n-1}, \cdots a_1, a_0; b_m, b_{m-1}, \cdots, b_1, b_0$——由传感器结构的某些物理参数决定的常数,与输入无关,且 $m \leq n$。

2) 频率响应函数 $H(j\omega)$:

频率响应函数简称频率特性或频率响应,它是在频域 ω 内对传感器传递信号特性的描述,输出为各频率的正弦信号,输入为输入同频率的稳态响应,其振幅与相位则发生变化。定义为在初始条件为零时,输出的傅里叶变换与输入的傅里叶变换之比,即

$$H(j\omega) = \frac{Y(j\omega)}{X(j\omega)} = \frac{b_m(j\omega)^m + \cdots + b_1(j\omega) + b_0}{a_n(j\omega)^m + \cdots + a_1(j\omega) + a_0}$$

或

$$H(j\omega) = \frac{\int_0^\infty Y(t)e^{-j\omega t}\Delta t}{\int_0^\infty x(t)e^{-j\omega t}\Delta t} = |H(j\omega)|e^{-j\varphi(\omega)}$$

3) 幅频特性:

传感器不产生失真,应满足

$$\begin{cases} A(\omega) = A_0, A_0 \text{ 为常量} \\ \varphi(\omega) = -\varphi_0\omega, \varphi_0 \text{ 为常数} \end{cases}$$

式中 $A(\omega) \neq A_0$,——幅值失真;

$\varphi(\omega) \neq \varphi_0\omega$ ——相位失真;

A_0—— $\omega = 0$ 时的幅值;

φ_0—— $\omega = 0$ 时的相位。

频率特性 $H(j\omega)$ 的模,也即输出与输入傅氏变换的幅值比,

$$A(\omega) = |H(j\omega)|$$

以 ω 为自变量,以 $A(\omega)$ 为因变量的曲线称为幅频特性曲线。

4) 相频特性:

频率特性 $H(j\omega)$ 的相角 $\varphi(\omega)$,也即输出与输入的相角差

$$\varphi(\omega) = -\arctan H(j\omega)$$

以 ω 为自变量,以 $\varphi(\omega)$ 为因变量的曲线称为相频特性曲线。

5)脉冲响应函数 $h(t)$:

脉冲响应函数是在时域内对传感器动特性的描述,当 $\delta(t)$ 的拉氏变换为 1 时,$h(t)$ 的拉氏变换为 $H(s)$,即 $h(t) = L^{-1}[H(s)]$。

脉冲响应函数 $h(t)$ 定义为:初始条件为零时,传感器对单位脉冲函数的响应,也称作权函数,用 $h(t)$ 或 $Y\delta(t)$ 来表示,单位脉冲函数

$$\delta(t) = \begin{cases} \infty, & \text{当 } t = 0 \\ 0, & \text{当 } t \neq 0 \end{cases} \quad \text{且} \int_{-\infty}^{\infty} \delta(t) \Delta t = 1.$$

6)单位阶跃响应函数 $Y_u(t)$:

单位阶跃时间函数为:

$$x(t) = 1(t) = \begin{cases} 0 & t \leq 0 \\ 1 & t > 0 \end{cases}$$

其拉氏变换为 $X(s) = 1/S$

单位阶跃响应函数定义为:初始条件为零时,传感器对单位阶跃输入的响应,表达式为:

$$y_u(t) = L^{-1}\left[H(s)\frac{1}{S}\right]$$

7)单位斜坡响应函数 $Y_r(t)$:

单位斜坡函数为

$$\gamma(t) = \begin{cases} 0 & t \leq 0 \\ 1 & t > 0 \end{cases}$$

其拉氏变换为 $X(s) = 1/S^2$

单位斜坡响应函数定义为:初始条件为零时,传感器对单位斜坡输入的响应,表达式为:

$$Y_r(t) = L^{-1}\left[H(s)\frac{1}{S^2}\right]$$

(3)数字式传感器的动特性

对数字式传感器的主要要求是在工作过程中不能丢数。因此，其动特性为输入量变化的临界速度。这个指标一般由生产厂家的最大速度形式给出。

（三）传感器的性能指标

传感器是非电量电测的主要环节和关键部件。其质量的好坏通过性能指标来描述，其主要性能指标有：测量范围、量程、过载能力、灵敏度、静态精度、频率特性、阶跃特性、环境参数、可靠性、使用条件以及经济性等。

1．测量范围

测量范围是指在允许误差极限内传感器被测量值的范围。

2．量程

量程是指测量范围的上限值（最高）和下限值（最低）之差。

3．过载能力

过载能力是指传感器在不致引起规定性能指标永久改变的条件下，允许超过测量范围的能力。

一般用允许超过测量上限（或下限）的被测量值与量程的百分比来表示。

4．灵敏度

灵敏度指标一般以灵敏度、分辨率、阀值、满量程输出等特性参数来描述。

5．静态精度

静态精度指标常以精确度、线性度、重复性、迟滞及灵敏度误差等特性参数来描述。

6．频率特性

频率特性指标一般以频率响应范围、临界频率、幅频特性、相频特性等特性参数来描述。

7．阶跃特性

阶跃特性指标常以过冲量、临界速度、稳定时间等特性参数来描述。

8. 环境参数

环境参数包括温度、抗振动、冲击能力、抗潮湿、抗介质腐蚀能力、抗电磁场干扰能力等特性参数来描述。

温度指标以工作温度范围、温度误差、温度漂移、温度系数、热滞后等特性参数来描述。

9. 可靠性

可靠性指标以工作寿命、平均无故障时间、保险期、疲劳性能、绝缘电阻、耐压性能等参数来描述。

10. 使用条件

使用条件包括电源（直流、交流、电压范围、频率、功率、稳定度）、外形尺寸、重量、壳体材质、结构特点、安装方式、馈线电缆、出厂日期、保修期、校准周期等内容。

11. 经济性

经济性指标主要反映在价格和性能价格比两个方面。

一个高性能的传感器应有以下特点：

（1）高精度、低成本。

（2）适宜的灵敏度。

（3）工作可靠，稳定性好，抗腐蚀性能好。

（4）抗干扰能力强。

（5）结构特性良好，有良好的动态特性。

（6）体积小，结构简单，通用性强，功耗低，使用维护方便。

二、常用的探测器

（一）微波探测器

微波探测器是利用微波能量的辐射及探测技术构成的报警器，按工作原理的不同又可分为微波移动报警器和微波阻挡报警器两种。

1. 微波移动报警器（多普勒式微波报警器）

微波移动报警器一般由探头和控制器两部分组成，探头安装在警戒区域，控制器设在值班室。探头中的微波振荡源产生一个固定频率为 f_o = 300 ~ 300000MHz 的连续发射信号，其小部分送到混频器，大部分能量通过天线向警戒空间辐射。当遇到运动目标时，反射波频率变为 $f_o ± f_d$，通过接收天线送入混频器产生差频信号 f_d，经放大处理后再传输至控制器。此差频信号也称为报警信号，它触发控制电路报警或显示。这种报警器对静止目标不产生反应，没有报警信号输出，一般用于监控室内目标报警。

2. 微波阻挡报警器

这种报警器由微波发射机、微波接收机和信号处理器组成，使用时将发射天线和接收天线相对放置在监控场地的两端，发射天线发射微波束直接送达接收天线。当没有运动目标遮断微波波束时，微波能量被接收天线接收，发出正常工作信号；当有运动目标阻挡微波束时，接收天线接收到的微波能量将减弱或消失，此时产生报警信号。

3. 雷达式微波探测器

利用微波的基本理论和特点制成。因其工作原理与多普勒雷达相似，所以称为雷达式微波探测器。

探测器中的微波振荡源通过天线向防范空间发射一个连续的微波信号，以恒速（光速）C 向前传播，频率为 f_0。当遇到固定目标时，反射回来的信号频率仍为 f_0。当遇到人体等活动目标时，由于多普勒效应，由活动目标反射回的信号频率为 $f_0 ± f_d$。

$$f_d = 2Vf_0/C$$

式中，V 为接收者或目标的径向移动速度。反射波与发射波之间的频率差就称为多普勒频率或多普勒频移，用 f_d 来表示。

如果微波探测器反射信号的频率 f_0 为 10GHz，则对应人体的不同速度 V 所产生的多普勒频率。如当 V = 0.5m/s，f_d = 33.33Hz；V = 3m/s，

f_d = 200Hz；V = 9m/s，f_d = 600Hz

只要能检出这一较低的多普勒频率，就能区分出是运动目标还是固定目标，完成检测人体运动的传感报警功能。

雷达式微波探测器的主要优点。

(1) 灵敏度高。

(2) 控制范围比较大,其警戒范围为一个立体防范空间,可以覆盖 60°~90°的水平辐射角,控制面积可达几十至几百平方米。

(3) 利用微波对非金属物质的穿透性可以用一个微波探测器监控几个房间,同时还可外加修饰物进行伪装,便于隐蔽安装。

(4) 雷达式微波探测器的主要缺点及安装使用注意事项:

1) 微波探测器的探头不应对准可能会活动的物体,如门帘、窗帘、电风扇、排气扇或门、窗等可能会振动的部位,否则,这些物体都可能会成为移动目标而引起误报。

2) 因为微波对非金属物质具有穿透性,如果安装调整不当,墙外行走的人或马路上行驶的车辆等都可能造成误报警。所以微波探测器应严禁对着被保护房间的外墙、外窗安装。

3) 在监控区域内不应有过大、过厚的物体,特别是金属物体,否则在这些物体的后面会产生探测的盲区。

4) 因为金属对微波具有一定的反射能力,因此微波探测器不应对着大型金属物体或具有金属镀层的物体(如金属档案柜等)。

5) 微波探测器不应对准日光灯、水银灯等气体放电灯光源。日光灯直接产生的 100Hz 的调制信号会引起误报,尤其是发生故障的闪烁日光灯成为微波的运动反射体更易引起干扰。

6) 雷达式微波探测器属于室内应用型探测器。只适用于室内。

7) 当在同一室内需要安装两台以上的微波探测器时易产生交叉干扰,发生误报警。因此它们之间的微波发射频率应当有所差异(一般相差 25MHz 左右),而且不要相对放置。

(二) 红外线报警器

红外线报警器是利用红外线的辐射和接收技术构成的报警装置,分为主动式和被动式两种类型。

1. 主动式红外报警器

主动式红外报警器是由收、发装置两部分组成。发射装置向装在几米甚至几百米远的接收装置辐射一束红外线,当被遮断时,接收装置即发出报警信号,因此它也是阻挡式报警器,或称对射式报警器。当有人横跨过监控防护区时,遮断不可见的红外线光束而引发警报,常用于室外围墙报警。红外对射探头要选合适的响应时间:太短容易引起不必要的干扰,如小鸟飞过,小动物穿过等;太长会发生漏报。通常以 10m/s 的速度来确定最短遮光时间。若人的宽度为 20cm,则最短遮断时间为 20ms。大于 20ms 报警,小于 20ms 不报警。

主动式红外报警器有较远的传输距离,因红外线属于非可见光源,入侵者难以发觉与躲避,防御界线非常明确。尤其在室内应用时,简单可靠,应用广泛,但因暴露于外面,易被损坏或被入侵者故意移位或逃避。

(1) 主动式红外报警器防范布局方式:

1) 对向型安装。此种方式红外发射机与红外接收机对向设置,一对收、发机之间可形成一道红外警戒线(图 3-6)。

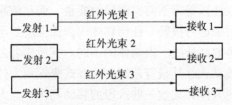

图 3-6 多组对向安装

为了防止入侵者跳跃或从警戒线下爬入而发生漏报,可以利用多机,采用多组红外发射机与红外接收机相对放置的方式。

2) 反射型安装。此种方式红外接收机并不是直接接收发射机发出的红外光束,而是接收由反射镜或适当的反射物反射回的红外光束(图 3-7)。

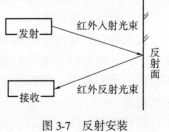

图 3-7 反射安装

(2) 主动红外探测器的主要优点：

1) 监控距离较远，属于线控制型探测器，其控制范围为一条直线可达百米以上，灵敏度较高；

2) 具有良好的隐蔽性，这是因为探测器所发出的红外线是一种非可见光，因此主动红外探测器不易被人发现；

3) 主动红外探测器用于室内警戒时，工作可靠性较高；

4) 使用方便，价格低廉，体积小，重量轻，耗电省。

(3) 主动红外探测器的主要缺点及安装使用要点：

1) 主动红外探测器用于室外警戒时，受环境气候影响较大，易产生误报警。比如恶劣天气时，能见度降低，作用距离因此而缩短，野外动物或落叶飘下也可能会造成误报警。因此，在室外应用时，探测器要采用特殊设计，如增加射束、增加自动增益控制电路等。

2) 注意保持光学镜面的清洁，要经常清扫，否则，会使监控距离缩短，影响其工作的可靠性。

2. 被动式红外报警器

被动式红外报警器不向空间辐射能量，而是依靠接收人体发出的红外辐射来进行报警。任何物体因表面温度的不同，都会辐射出强弱不等的红外线。因物体的不同，其所辐射之红外线波长也有差异。被动式红外报警器即用此方式来探测人体。红外探测主要用来探测人体和其他一些入侵的移动物体。当人体进入探测区域，稳定不变的热辐射被破坏，产生一个变化的热辐射，红外传感器接收后放大、处理，发出报警信号。由于暖气、空调等电器影响，红外传感器容易产生误报。

(1) 探测报警原理：

自然界中的任何物体都可以看作是一个红外辐射源。人体也是一个红外辐射源，辐射的能力因人而异，而且人体不同部位的辐射能力也不相同。裸露在外的部分比衣服遮掩的部分辐射的能量大得多。

物体表面的温度越高，其辐射的红外线波长越短。也就是说，物体表面的绝对温度决定了其红外辐射的峰值波长。由此来区别入侵的人和背景物体。红外传感器将接收到的人体与背景物体之间的红外热辐射能量的变化转换为相应的电信号，经适当的处理后，送往报警控制器，发出报警信号。

（2）防止被动红外探测器产生误报的几项技术措施：

1）温度补偿电路。人体与背景物体之间的差异越大，探测灵敏度就越高。为此，在被动红外探测器中都加有自动温度补偿电路，以使得在室温接近人体时，需要由电路补偿增益的变化，以使得灵敏度不至于下降。

2）采用多元红外光敏元件。采用双元红外光敏元件或四元红外光敏元件。这样可以消除由于冷、热气流以及环境温度变化引起的误报。它是将探测器的红外感应元件分为两或四部分，探测器设计成只有每部分都探测到信号时才可触发报警。由于人体较大，移动时很容易满足这一条件，必然报警。提高了防小动物、宠物引起误报的能力。

设置"脉冲计数"的方式。即只有当探测到连续的两个或两个以上的脉冲时才触发报警。

3）防射频干扰的措施。采用表面贴片技术。它是将表面贴片式元件（SMD）直接贴焊在电路板上，舍去了引脚线。这就相当于将构成射频干扰而隐藏在探测器中的"天线"去掉了。通常，探测器在出厂时都通过了 300~1000MHz 频率的射频干扰信号的测试。

4）防白光干扰的措施。通常，像车大灯、手电筒光等白光都可以引起被动红外线探测器的误报，为此，可以在菲涅耳透镜的镜片上采取滤白光的措施。

5）防小动物误报所采取的措施：

①采用四元红外光敏元件。其原理前面已阐述过；

②在被动红外探测器中内置微处理器。准确地区分小动物和人体入侵之间的差异；

③安装高度要求，一般装在墙壁上 0.9~1m 的高度处，就可

以较好的防止小动物、猫、狗等宠物所引起的误报。

(3) 被动式红外探测器的主要优点：

1) 防范空间大。根据被动式红外探测器的工作原理，通常称其为红外线移动探测器。所以，在选择安装位置时，应使探测器具有最大的警戒范围，使可能的入侵者都能处于红外警戒的光束范围之内。并使入侵者的活动有利于横向穿越光束带区，这样可以提高探测的灵敏度。

2) 耗电少。普通的电池就可以维持长时间的工作。

3) 隐蔽性高。由于其本身不向外界辐射任何能量，因此就隐蔽性而言更优于主动式红外探测器。

4) 无串扰。由于它是以被动方式工作的，因此当需要在同一室内安装数个被动红外探测器时，也不会产生相互之间的干扰。

(4) 被动式红外探测器的主要缺点及安装使用注意事项。

1) 由于红外线的穿透能力较差，在监控区域内不应有障碍物，否则就会造成"盲区"。

2) 监控区域内的热气流流动或者背景物体的红外辐射的变化容易引起误报警。因此不应将被动式红外探测器探头对准任何温度会快速改变的物体，特别是发热体。如电加热器、火炉、暖气、空调器的出风口、白炽灯等强光源以及受到阳光直射的窗口等。

3) 注意保护菲涅耳透镜。因菲涅耳透镜是用软塑料制成的，避免用硬物或指甲等划伤。

4) 基于上述原因，被动式红外探测器基本上属于室内应用型探测器。

(三) 超声波报警器

超声波报警器的工作方式与上述微波报警器类似，只是使用的是 $25\sim40\text{kHz}$ 的超声波而不是微波。当入侵者在探测区内移动时，超声反射波会产生大约 $\pm100\text{Hz}$ 频移，接收机检测出发射波与反射波之间的频率差异后，即发出报警信号。该报警器容易受到振动和气流的影响。

(四)双技术报警器

各种报警器各有优缺点,微波、红外、超声波三种单技术报警器因环境干扰及其他因素容易引起误报警的情况。为了减少误报,把两种不同探测原理的探测器结合起来,组成双技术的组合报警器,即双鉴报警器。

双技术的组合必须符合以下条件:

(1)组合中的两个探头(探测器)有不同的误报机理,而两个探头对目标的探测灵敏度又必须相同。

(2)上述原则不能满足时,应选择对警戒环境产生误报率最低的两种类型探测器。如果两种探测器对外界环境的误报率都很高,当两者结合成双鉴探测器时,不会显著降低误报率。

(3)选择的探测器应对外界经常或连续发生的干扰不敏感。

如微波—被动红外复合的探测器,它将微波和红外探测技术集中运用在一体。在控制范围内,只有两种报警技术的探测器都产生报警信号时,才输出报警信号。它既能保持微波探测器可靠性强、与热源无关的优点,又被动红外探测器无需照明和亮度要求,可昼夜运行的特点,大大降低探测器的误报率。这种复合型报警探测器的误报率则是微波报警器误报率的几百分之一。又例如利用声音和振动技术的复合型双鉴式玻璃报警器,探测器只有在同时感受到玻璃振动和破碎时的高频声音,才发生报警信号。从而大大减弱因窗户的振动而引起的误报,提高了报警的准确性。

(五)门磁开关

门磁开关是一种广泛使用,成本低,安装方便,而且不需要调整和维修的探测器。门磁开关分为可移动部件和输出部件。可移动部件安装在活动的门窗上,输出部件安装在相应的门窗上,两者安装距离不超过10mm。输出部件上有两条线,正常状态为常闭输出,门窗开启超过10mm,输出转换成为常开。当有人破坏单元的大门或窗户时,门磁开关将立即将这些动作信号传输给报警控制器进行报警。

(六) 玻璃破碎探测器

玻璃破碎探测器是专门用来探测玻璃破碎功能的一种探测器。当入侵者打碎玻璃试图作案时，即可发出报警信号。

1. 声控型单技术玻璃破碎探测器的基本工作原理

经过分析和实验表明：在玻璃破碎时发出的响亮而刺耳的声响中，包括的主要声音信号的频率是处于大约在 10~15kHz 的高频段范围内。而周围环境的噪声一般很少能达到这么高的频率。因此，将带通放大器的带宽选在 10~15kHz 的范围内，就可将玻璃破碎时产生的高频声音信号取出，从而触发报警。

2. 声控——振动型双技术玻璃破碎探测器

声控——振动型双技术玻璃破碎探测器是将声控探测与振动探测两种技术组合在一起，只有同时探测到玻璃破碎时发出的高频声音信号和敲击玻璃引起的振动时，才能输出报警信号。

3. 次声波——玻璃破碎高频声响双技术玻璃破碎探测器

次声波是频率低于 20Hz 的声波，属于不可闻声波。

经过实验分析表明：当敲击门、窗等处玻璃（此时玻璃还未破碎）时，会产生一个超低频的弹性振动波，这时的机械振动波就属于次声波范围，而当玻璃破碎时，才会发出高频的声音。

由于采用两种技术对玻璃破碎进行探测，可以大大地减少误报。

4. 玻璃破碎探测器的主要特点及安装使用要点

(1) 玻璃破碎探测器适用于一切需要警戒玻璃破碎的场所。除保护门、窗玻璃外，对大面积的玻璃橱窗、展柜、商亭等均能进行有效的控制。安装时应将声电传感器正对着警戒的主要方向。传感器部分可适当加以隐蔽，但在其正面不应有遮挡物。

(2) 安装时要尽量靠近所要保护的玻璃，尽可能的远离噪声干扰源，以减少误报警。

(3) 实际应用中，探测器的灵敏度应调到一个合适的值。一般以能探测到距探测器最远的被保护玻璃即可。灵敏度过高或过低,都可能会产生误报或漏报。

(4)窗帘、百叶窗或其他遮盖物会部分吸收玻璃破碎时发出的能量。

(5)探测器不要安装在通风口或换气扇的前面,也不要靠近门铃,以确保工作的可靠性。

(七)周界探测器

在一些重要的区域,一般有铁栅栏、围墙、电网等。但这些尚仍不能很好得到周界防范效果时,为了能对入侵者的到来起到尽早预报的作用,还必须要增设一些可用于周界防范的探测器,并与电子控制电路相配合,组成周界防范报警系统,作为防入侵和破坏。

常见的周界探测器有:泄漏电缆探测器、电磁感应式振动电缆探测器、振动电缆探测器。

泄漏电缆组成。一根泄漏同轴电缆与发射机相连,向外发射能量。另一根泄漏同轴电缆与接收机相连,用来接收能量。一对收发电缆可保护约 100~150m 的周界。

(八)其他辅助设备

1. 紧急呼救按钮

主要安装在人员流动比较多的位置,以便在遇到意外情况时可按下紧急呼救按钮向保安部门或其他人进行紧急呼救报警。

2. 报警扬声器和警铃

安装在易于被听到的位置,在探测器探测到意外情况并发出报警时,报警探测器能通过报警扬声器和警铃来发出报警声。

3. 报警指示灯

主要安装在单元住户大门外的墙上,当报警发生时,可让来救援的保安人员通过报警指示灯的闪烁迅速找到报警用户。

三、警报接收与处理主机(防盗主机)

1. 防盗主机的作用

警报接收与处理主机也称为防盗主机,是报警探头的中枢,它负责接收报警信号，控制延迟时间，驱动报警输出等工作。它将某区域内的所有防盗防侵入传感器组合在一起，形成一个防盗管区，一旦发生报警，则在防盗主机上可以一目了然地反映出区域所在。防盗主机目前以多回路分区防护为主流，视系统规模不同，防区数最多为2～100回路。优越的系统更可显示出警报来源是该区域内的哪一个报警传感器及所在位置，以方便采取相应的接警对策。现代的防盗主机都采用微处理器控制，内有只读存储器和数码显示装置，普遍能够编程并有较高的智能，主要表现为：

（1）以声光方式显示报警，可以人工或延时方式解除报警。

（2）对所连接的防盗防侵入传感器，可按照实际需要设置成布防状态或者撤防状态，也可以用程序来编写控制方式及防护性能。

（3）可接多组密码键盘，可设置多个用户密码，保密防窃。

（4）遇到有警报时，其报警信号可以经由通信线路，以自动或人工干预方式向上级部门或保安公司转发，快速沟通信息或者组网。

（5）可程序设置报警联动动作。即遇有报警时，防盗主机的编程输出端可通过继电器触点闭合执行相应的动作。

（6）电话拨号器同警号、警灯一样，都是报警输出设备。不同的是警灯、警号输出的是声音和光，电话拨号器是通过电话线把事先录好的声音信息传输给某个人或某个单位。

高档防盗主机有与闭路电视监控摄像的连动装置，一旦在系统内发生警报，则该警报区域的摄像机图像将立即显示在中央控制室内，并且能将报警时刻、报警图像、摄像机号码等信息实时地加以记录，若是与计算机连机的系统，则可以报警信息数据库的形式储存，以便快速地检索与分析。

2. 报警控制器的分类

（1）按使用要求和系统大小可分为小型报警控制器、中型报警控制器和大型报警控制器。

(2) 按防范功能可分为仅具有单一安全防范功能的报警控制器和综合型的多功能报警控制器。

(3) 按组成电路的器件不同可分为由晶体管或简单集成电路元器件组成的报警控制器、利用单片机控制的报警控制器和利用微机控制的报警控制器。

(4) 按信号传输方式不同来分可分为具有有线接口的报警控制器和无线接口的报警控制器以及有线、无线兼而有之的报警控制器。

(5) 按安装方式不同可分为台式、柜式和壁挂式。

3. 报警控制器对报警探测器和系统工作状态的控制

将探测器与报警控制器相连，组成报警系统并接通电源。主要有以下 5 种工作状态。

(1) 布防状态。所谓布防状态，是使该系统的探测器开始工作，并进入正常警戒状态。当探测器探测到防范现场有异常情况外探测器将输出报警开关信号至报警控制器，使之发出声光报警并显示报警。

(2) 撤防状态。撤防状态，是由操作人员执行撤防指令后，使该系统的探测器从警戒状态下退出，使探测器不工作。在撤防期间，人们在防范区内可以正常活动而不会触发报警。

(3) 旁路状态。是指操作人员对第 N 个防区执行了旁路指令后，该区的探测器就会从整个探测器的群体中被旁路掉，而不能进入工作状态。

(4) 24 小时监控状态。所谓 24 小时监控状态，是指某些防区的探测器处于常布防的全天时工作状态，一天 24 小时始终担任着正常警戒。它不会受到布防和撤防的影响。这也要由对系统事先编程来决定。

(5) 系统自检测试状态。在系统撤防时操作人员对报警系统进行自检或测试的工作状态。

4. 入侵探测报警控制器的主控功能

入侵报警控制器是入侵探测系统的主控部分，其主要功能如下：

(1) 向前端报警探测器提供电源；
(2) 接收报警探测器送出的报警电信号；
(3) 对接收到的电信号进行分析、判断等进一步处理；
(4) 启动报警控制器的报警装置，如警灯、警号等发出报警；
(5) 可以指示出发生报警的部位；
(6) 能通过电话线或其他通讯手段向上一级接警中心或其他有关部门报告警情；
(7) 驱动外围设备，如开启摄像机、录像机、照明，启动打印机打印。

报警控制器主控功能示意，见图3-8。

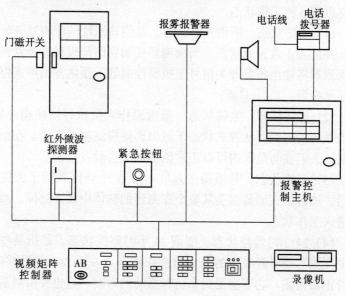

图 3-8 报警控制器示意图

四、与视频系统的联动

安全防范报警系统通常独立工作，也可以与闭路电视监控系统配合使用，使报警探测器与摄像机、录像机联动，构成一个更完善的系统。报警系统和视频监控系统联合使用是最方便的，特别是一个大的监控区域，保安人员不可能迅速赶到现场，也不能分身去多个地方。如果连接有闭路监视系统，就可以坐在控制室里观察报警现场的情况，查看是否有罪犯侵入。如果有，可以打开录像机记录。通知公安部门报警，或根据具体情况采取紧急措施。图3-9为一个报警系统的连接简图。

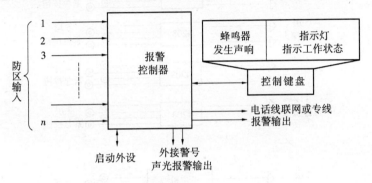

图3-9 报警系统连接简图

五、防盗报警系统工程实例

（一）某大厦防盗报警系统

某大厦是一幢现代化的9层涉外商务办公楼。根据大楼特点和安全要求，在首层各出入口各配置1个双鉴探头（被动红外/微波探测器），共配置4个双鉴探头，对所有出入口的内侧进行保护。二楼至九楼的每层走廊进出通道，各配置2个双鉴探头，共配置16个双鉴探头；同时每层各配置4个紧急按钮，共配置32个紧急按钮，紧急按钮安装位置视办公室具体情况而定。整个防盗报警系统如图3-10所示。

保安中心设在二楼电梯厅旁，约10m²。管线利用原有弱电桥架为主线槽，用DG20管引至报警探测点（或监控电视摄像点）。防盗报警系统采用美国（ADEMCO）（安定宝）大型多功能

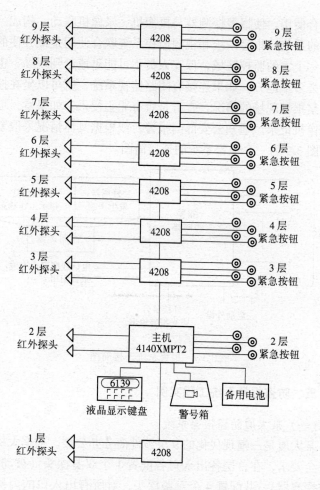

图 3-10　某大厦报警系统图

主机 4140XMPT2。该主机有 9 个基本接线防区，可按总线式结构，扩充防区十分方便，可扩充多达 87 个防区，并具备多重密码、布防时间设定、自动拨号以及"黑匣子"记录等功能。4140XMPT2 主机的设备配置及接线图如图 3-11 所示。

　　图 3-10 中的 4208 为总线式 8 区（提供 8 个地址）扩展器，可以连接 4 线探测器。6139 为 LCD 键盘。各楼层设备（包括摄

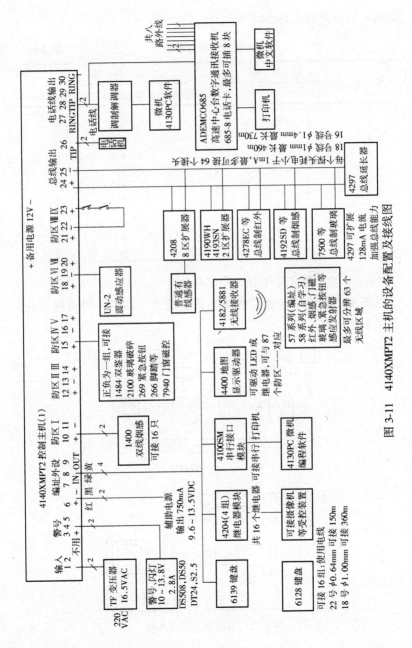

图 3-11 4140XMPT2 主机的设备配置及接线图

像机）的分配表见表3-6。

各楼层设备分布表　　　　表 3-6

楼 层	摄 像 机		报 警 器		
	固定云台	自动云台	双鉴探头	紧急按钮	门磁开关
1	2	1	4	0	0
2	3	0	2	4	0
3	2	0	2	4	0
4	2	0	2	4	0
5	2	0	2	4	0
6	2	0	2	4	0
7	2	0	2	4	0
8	2	0	2	4	0
9	1	0	2	4	0
电梯	2	0	0	0	0
合计	20	1	20	32	0

（二）综合保安系统和金库安全防范

图 3-12 是将电视监控和防盗报警合为一体的一种微机综合安保系统示例。

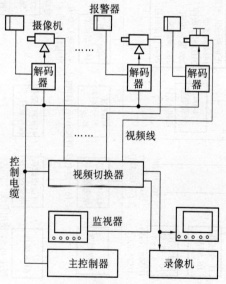

图 3-12　微机警卫监控系统

图 3-13 是金库中利用监控电视与被动红外/微波双鉴报警器进行安全防范的布置图示例。

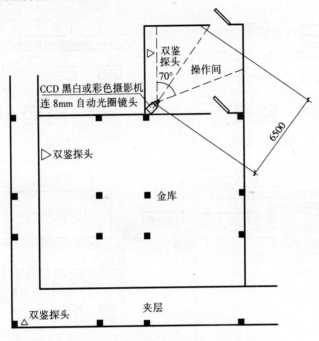

图 3-13 金库监控系统布置图

（三）某大厦的监控电视防盗系统

本大厦是一座按五星级标准建设的集宾馆和办公楼于一体的综合大楼，要求整个系统的视频输入（监视点）为 96 个，视频输出为 16 个。为此，采用美国 AD 公司的 AD2052R96-16 型主机，该主机为一个机箱构成，输入和输出采用模块式，每块视频输入模块为 16 路视频输入，每块视频输出模块为 4 路视频输出，最大扩充容量可达 512 路输入、32 路输出，因此适于大型系统使用。而且其集成度高，机箱数量少，且价格也比 AD1650 便宜，功能反而略有增加。由于该大厦装饰豪华，故在比较注目的位置安装美观的一体化快变速球型摄像机，固定的摄像机也采用半球型护罩或斜坡式护罩。系统图如图3-14所示。

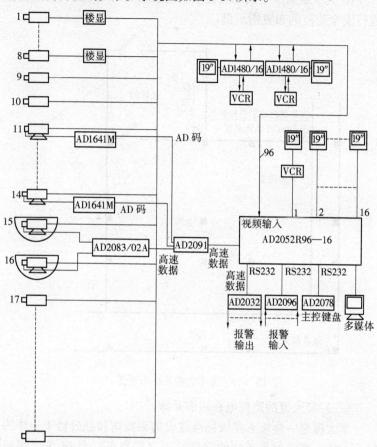

图3-14 某综合大楼的电视监控防盗系统

与AD1650系统不同的是，AD2052主机没有AD控制码接口，控制信号必须通过高速数据线连接AD2091控制码发生分配器。它可把主机CPU的控制信号变换成AD接受器采用的控制码（曼彻斯特码），最多可提供64个独立的缓冲控制码输出，分成4组，每组16个，每组可控制64个摄像机现场。多台设备级联，最多可控制1024个摄像机现场，每个输出可用电缆传送1500m。

由于系统需要防盗报警联动，故配置 AD2096 报警输入接口设备和 AD2032 报警输出响应器。AD2096 有 64 个触点回路，能把报警输入转换成报警信号编码，供 AD 矩阵切换控制主机使用。主机经编程后，能自动将报警摄像机切换到指定的监视上，启动预置功能及辅助功能，对报警触点作出响应。该机通过 RS232 通讯接口与主机连接。AD2032 能提供 32 个可编址 A 型继电器（双极、单掷、常开触点），分成两组，每组 16 个，为矩阵系统提供外部设备继电器触点控制回路。每组继电器可编程，对两组分开的监视器作出响应。继电器可启动录像机、报警器或其他报警装置。AD2032 与 AD2052 主机通过高速数据线连接，与 AD1650 主机则通过 AD 控制码连接使用。

本系统还配置 2 台黑白双工 16 画面处理器 AD1480/16，该机可在一台录像机上记录多达 16 路视频信号，可用两台录像机同时录像或回放，图像显示方式有：全屏幕、4 画面、9 画面或 16 画面等。

整个系统的设备器材见表 3-7。

某综合大楼监控系统的设备器材　　　　　　　表 3-7

序号	设备器材名称	型号规格	数量
1	1/3″高分辨力黑白摄像机	TK-S350EG	94
2	一体化高变速球型黑白摄像机	AD9112/B10	2
3	球型摄像机吸顶安装附件	AD9202	2
4	球型码发生分配器	AD2083/02	1
5	室外全方位云台	AD1240/24	3
6	室内全方位云台	AD1215/24	1
7	室内解码器	AD1641M-1X	1
8	室外解码器	AD1641M-2EX	3
9	室外全天候防护罩	AD1335/14SH24	3
10	室内防护罩	AD1335/14	1
11	室内摄像机防护罩	AD1317/8	6
12	室内吸顶斜坡防护罩	AD1303	84
13	室内云台支架	AD1381	4
14	室内防护罩支架	AD1371C	6
15	矩阵切换控制主机	AD2052R96-16	1
16	主控键盘	AD2078	1
17	多媒体软件及视霸卡	AD5500	1

续表

序号	设备器材名称	型号规格	数量
18	控制码发生分配器	AD2091X	
19	报警输入接口设备	AD2096X	1
20	报警输出响应器	AD2032X	1
21	黑白16画面处理器	AD1480/16	2
22	2.8mm自动光圈镜头	SSG0284NB	8
23	4.0mm手动光圈镜头	SSE0412	24
24	8.0mm手动光圈镜头	SSE0812	48
25	4.0mm自动光圈镜头	SSG0412NB	10
26	6倍二可变焦镜头	SSL06036GNB	1
27	12倍三可变镜头	SSL06072	3
28	24小时专业录像机	WV-AG6124	3
29	9″黑白专业监视器	WV-BM900	16
30	20″黑白专业监视器	WV-BM1900	2
31	楼层显示器		8
32	5″半球型护罩	XTK-5	30
33	电源供电器		1

（四）某数字信号电话自动报警系统

在数字信号电话自动报警系统中，用户现场和程控电话交换网连接，并和警力系统相连网，系统模式，见图3-15。

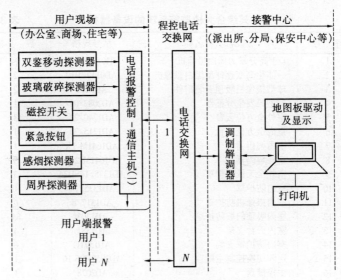

图3-15　数字信号电话自动报警系统模式

232

第四节 防盗报警系统工程施工要求和使用

一、防盗报警系统工程施工

（一）一般要求

（1）防盗报警系统工程施工现场必须设一名现场工程师，以指导施工进行，并协同建设单位做好施工中的隐蔽工程检测与验收。

（2）防盗报警系统工程施工前应具备下列图纸资料：

1）探测器布防平面图、中心设备布置图、系统原理及系统连接图。

2）管线要求及管线敷设图。

3）设备、器材安装要求及安装图。

（3）对于采用多普勒移动探测原理的微波、超声多普勒式报警器，其安装方向（探测方向）应正对目标的运动方向。

（4）对于采用阻挡式遮断波束原理的微波、被动红外、超声、激光等阻挡式报警器，其安装方向应与目标移动方向垂直切割为佳。

（5）各种报警器的安装及使用要求见表3-8。

各种报警探测器的安装要求　　　　　表3-8

报警器名称	微波		红外		超声
	多普勒式	阻挡式	被动式	阻挡式	
工作场所	室内	室内、外	室内	室内、外	室内
探测器安装及使用要求	不得正对窗、门帘、车辆、日光灯、水银灯、大型金属物、避免室外运动物体的影响	微波波束传播途径内不得有树木、流水或小动物穿行	目标背景应避开暖气、火炉、空调机及运动、摆动物体，应避开门窗不得有光线直射探头。室内如有大型障碍物，应靠墙安放，应考虑探头防震措施	镜头应防尘，当气候恶劣且用于室外时，应与其他类型报警装置配合使用	勿对着门窗、玻璃、软隔板；勿靠近空调器风扇、暖气片；勿有阀门水噪声和开动的机械声；应远离电话机，室内高大物体，应靠墙安放，以减小探测盲区

续表

报警器名称	激光	声控	电视报警器	双技术报警器
工作场所	室内、外	室内	室内、外	室内
探测器安装及使用要求	同阻挡式微波报警器	探头应靠近防范目标,避开风雨等噪声的影响,当防范多声源目标时,探头应安放在声中心位置,使用时灵敏度应调节适当	摄像镜头应指向顺光方向,尽量避开窗帘开闭、人工照明过大变化及闪电的影响	探头内两类探测器的灵敏度应保持均衡,以保证同时探测到两个信息

（二）各类报警器安装施工

1. 主动式红外报警器的布置

见图3-16。

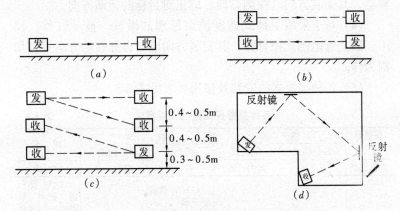

图 3-16　主动式红外报警器的几种布置

2. 被动式红外报警器的布置

被动式红外报警器应根据安装原则进行合理布置。见图3-17~图3-19。

被动式红外探测器根据视场探测模式,可直接安装在墙上、

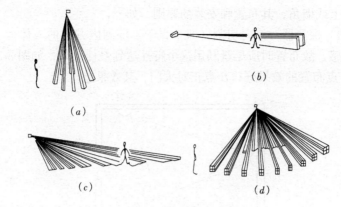

图 3-17 各种警戒型示图

（a）点警戒型；（b）线警戒型；（c）面警戒型；（d）立体警戒型

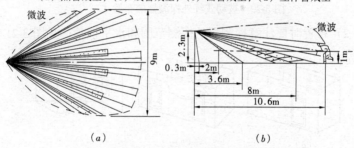

图 3-18 DT-400 系列双技术移动探测器的探测图形

（a）顶视器；（b）侧视图

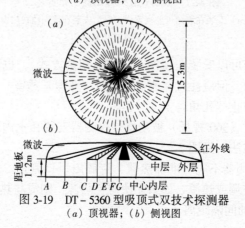

图 3-19 DT-5360 型吸顶式双技术探测器

（a）顶视器；（b）侧视图

顶棚上或墙角，其布置和安装的原则，如下：

1）探测器对横向切割（即垂直于）探测区方向的人体运动最敏感，故布置时应尽量利用这个特性达到最佳效果，如图 3-20 中 A 点布置的效果好；B 点正对大门，其效果差。

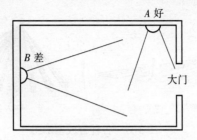

图 3-20　被动式红外探测器的布置之一

2）布置时要注意探测器的探测范围和水平视角，见图 3-21。

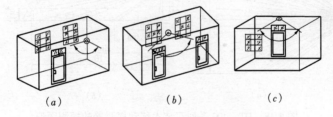

图 3-21　被动式红外探测器的布置之二
(a) 安装在墙角可监视窗户；(b) 安装在墙面监视门窗；
(c) 安装在房顶监视门

探测器可以安装在顶棚上（横向切割方式），也可以安装在墙面或墙角，但应注意探测器的窗口（菲涅耳透镜）与警戒的相对角度，防止"死角"。

全方位（360°视场）被动红外探测器安装在室内顶棚上的部位及其管装法，见图 3-22。

3）探测器不应对准加热器、空调出风口管道。警戒区内最好不要有空调或热源、如果无法避免热源，则应与热源保持至少 1.5m 以上的间隔距离。

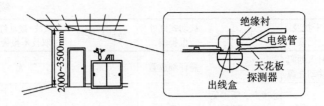

图 3-22 被动式红外探测器的安装

4)探测器不应对准强光源和受阳光直射的门窗。

5)警戒区内不应有高大的遮挡物遮挡和电风扇叶片的干扰,也不应安装在强电处。

6)选择安装墙面或墙角时,安装高度在 2~4m,通常为 2~2.5m。

有关因素引起的假报警情况见表 3-9。图 3-23 为被动式红外探测器安装实例。

环境干扰及其他因素引起假报警的情况　　　　　表 3-9

环境干扰及其他因素	超声波报警器	被动式红外报警器	微波报警器	微波/被动红外双技术报警器
振　动	平衡调整后无问题否则有问题	极少有问题	可能成为主要问题	没有问题
湿度变化	若　干	无	无	无
温度变化	少　许	有问题	无	无(被动红外已温度补偿)
大件金属物体的反射	极　少	无	可能成为主要问题	无
门窗的抖动	需仔细放置、安装	极　少	可能成为主要问题	无
帘幕或地毯	若　干	无	无	无
小　动　物	接近时有问题	接近时有问题	接近时有问题	一般无问题
薄墙或玻璃外的移动物体	无	无	需仔细放置	无
通风、空气流动	需仔细放置	温度差较大的热对流有问题	无	无

续表

环境干扰及其他因素	超声波报警器	被动式红外报警器	微波报警器	微波/被动红外双技术报警器
窗外射入的阳光及移动光源	无	需仔细放置	无	无
超声波噪声	铃嚷声、听不见的噪声可能有问题	无	无	无
火炉	有问题	需仔细放置、设法避开	无	无
开动的机械风扇、叶片等	需仔细放置	极少（不能正对）	安装时要避开	无
无线电波干扰、交流瞬态过程	严重时有问题	严重时有问题	严重时有问题	可能有问题
雷达干扰	极少有问题	极少有问题	探测器接近雷达时有问题	无

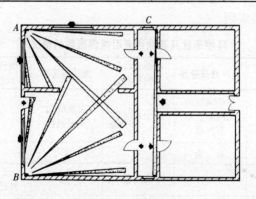

图 3-23　被动式红外探测器安装实例
（图中箭头表示可能入侵方向）

3. 开关式报警探测器安装

开关式报警探测器及安装，见图 3-24 ~ 图 3-29。

安装、使用磁控开关时，应注意一些问题：

1）干簧管应装在被防范物体的固定部分。安装应稳固，避免受猛烈振动，使干簧管碎裂；

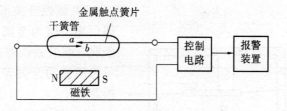

图 3-24 磁控开关报警器示意图

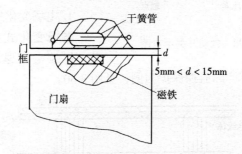

图 3-25 磁控开关安装示意图

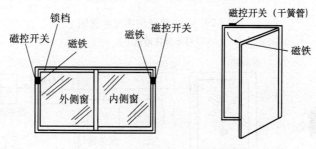

图 3-26 安装在门窗上的磁控开关

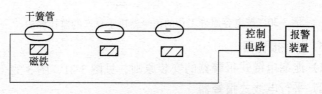

图 3-27 磁控开关的串联使用

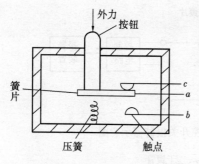

图 3-28 微动开关示意图

2) 磁控开关不适用于金属门窗,因为金属易使磁场削弱,缩短磁铁寿命。此时,可选用微动开关等的开关式报警器;

3) 布置线路应尽量保密。

4. 电场变化式报警器

电场变化式报警器的安装,以按电容原理工作的信号器用于财产的监控保护为例,见图 3-30。

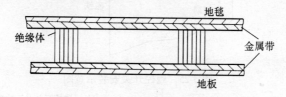

图 3-29 压力垫使用情况示意图
(可布置在地毯下)

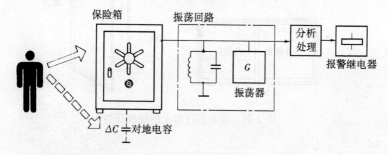

图 3-30 按电容原理工作的信号器用于财产的监控保护

5. 周界报警器

1) 泄漏电缆式报警器的安装原则,见图 3-31、图 3-32。

2) 平行电线式报警器

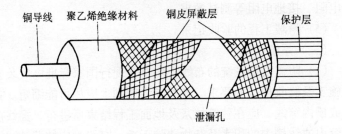

图 3-31 泄漏电缆结构示意图

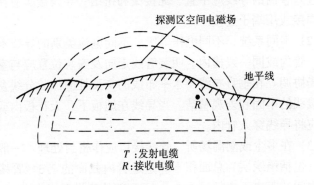

图 3-32 泄漏电缆埋入地下及产生空间场的示意图

平行线周界报警器的构成,见图 3-33。

6. 施工资料要求

报警系统施工应按图纸进行,不得随意更改。确需更改原设计图纸时,应按程序进行审批、审批文件需经双方授权人签字后方可实施。报警系统竣工时,施工单位应提交下列图纸资料:

(1) 施工前全部图纸资料。

(2) 工程竣工图。

(3) 设计更改文件。

(4) 检测记录,包括绝

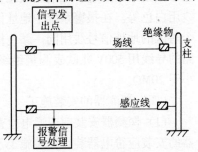

图 3-33 平行线周界报警器构成示意图

缘电阻、接地电阻等测试数据。

(5) 隐蔽工程的验收记录。

(三) 系统布线

(1) 防盗报警系统的布线,应符合现行国家标准电气装置工程施工及验收规范的要求。各种导线原则上应尽可能缩短。在管内或槽内穿线,应在建筑抹灰及地面工程结束后进行。穿线前应将管内或线槽内的积水及杂物清除干净。穿线时应抹黄油或滑石粉。进入管内的导线应平直、无接头和扭结。导线接头应在接线盒内焊接或用端子连接。

(2) 不同系统、不同电压等级、不同电流类别的导线不宜穿在同一管内或同一线槽内。明装管线走向及安装位置应与室内装饰布局协调。在垂直布线与水平布线的交叉处应加装分线盒,以保证接线的牢固和外观整洁。当导线在地板下、天花板内或穿墙时,应将导线穿入管内。

(3) 在多尘或潮湿场所,管线接口应作密封处理。一般管内导线(包括绝缘层)总面积不应超过管内截面的 2/3。管线两固定点之间的距离不应超过 1.5m。下列部位应设置固定点:

1) 管线接头处。

2) 距接线盒 0.2m 处。

3) 管线转角处。

(4) 在同一系统中应将不同导线用不同颜色标志或编号。如电源线正端用红色,地端用黑色,共用信号线用黄色,地址信号线用白色等。在报警系统中地址信号线较多,可将每个楼层或每个防区的地址信号线用同一颜色标志,然后逐个编号。对每个回路的导线用 500V 兆欧表测量绝缘电阻,其对地绝缘电阻值不应小于 20MΩ。

(四) 探测器的安装施工

(1) 探测器安装前应通电检查其工作状况,并作记录。探测器的安装应符电器装置安装施工及验收规范的要求。探测器的安装应按设计要求及设计图纸进行。

(2) 室内被动红外探测器的安装和施工应满足下列要求：

1) 壁挂式被动红外探测器应安装在与可能入侵方向成90°角的方位，高度2.2m左右，并视防范具体情况确定探测器与墙壁的倾角。

2) 吸顶式被动红外探测器，一般安装在重点防范部位上方附近的天花板上，必须水平安装。

3) 楼道式被动红外探测器，必须安装在楼道端，视场沿楼道走向，高度2.2m左右。

4) 被动红外探测器一定要安装牢固，不允许安装在暖气片、电加热器、火炉等热源正上方；不准正对空调机、换气扇等物体；不允许正对防范区内运动和可能运动的物体。防止光线直射探测器，探测器正前方不允许有遮挡物。

(3) 主动红外探测器安装施工应满足下列要求：

1) 安装牢固，发射机与接收机对准，使探测效果最佳。

2) 发射机与接收机之间不应有遮挡物，如：风吹树摇的遮挡等。

3) 利用反射镜辅助警戒时，警戒距离较对射时警戒距离要缩短，利用反射镜辅助警戒的方式，见图3-34。

4) 安装过程中应注意保护透镜，如有灰尘可用镜头纸擦净。

(4) 微波—被动红外双技术探测器的安装施工应满足下列要求：

1) 壁挂式微波—被动红外双技术探测器应安装在与可能入侵方向成45°角的方位（如受条件限制应优先考虑被动红外单元的探测灵敏度），高度宜2.2m左右，并视防范具体情况确定探测器与墙壁倾角。

2) 吸顶式微波—被动红外双技术探测器，一般安装在重点防范部位上方附近的天花板上，必须水平安装。

3) 楼道式微波—被动红外双技术探测器，必须安装在楼道端，视场正对楼道走向，高度宜2.2m左右。

4) 探测器正前方不允许有遮挡物和可能遮挡物。

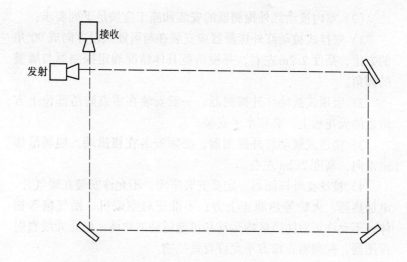

图 3-34 利用反射镜辅助警戒的示意图

5）微波—被动红外双技术探测器的其他安装施工要求可参考被动红外探测器的安装施工要求。

（5）声控—振动双技术玻璃破碎探测器的安装施工应满足下列要求：

①探测器必须牢固地安装在玻璃附近的墙壁上或天花板上。

②不能安装在被保护玻璃上方的窗帘盒上方。

③安装后应用玻璃破碎仿真器精心调节灵敏度。

（6）磁开关探测器的安装施工应满足下列要求：

①磁开关探测器应牢固地安装在被警戒的门、窗上，距门窗拉手边的距离 150mm。

②舌簧管安装在固定的门、窗框上，磁铁安装在活动门、窗上，两者对准，间距在 0.5cm 左右为宜。

③安装磁开关探测器（特别是暗装式磁开关）时，应避免猛烈冲击，以防舌簧管破裂。

（7）电缆式振动探测器的安装施工应满足下列要求：

1）在网状围栏上安装时，需将信号处理器（接口盒）固定在栅栏的桩柱上，电缆敷设在栅网 2/3 高度处。

2）敷设振动电缆时，应每隔 20cm 固定一次，每隔 10m 做一半径为 8cm 左右的环（维护环），见图 3-35。

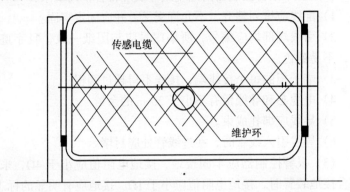

图 3-35　维护环

3）若警戒周界需过大门时，可将电缆穿入金属管中，埋入地下 1m 深度。

4）在周界拐角处须作特殊处理，以防电缆弯成死角和磨损。

5）施工中不得过力牵拉和扭结电缆，电缆外皮不可损坏，电缆末端处理应符合电气装置安装工程施工及验收规范的要求，并应加以防潮处理。

（8）电动式振动探测器的安装施工应满足下列要求：

1）远离振源和可能产生振动的物体，如室内应远离冰箱；室外不应安装在树下等。

2）电动式探测器通常安装在可能发生入侵的墙壁、地面或保险柜上，探测器中传感器振动方向尽量与入侵可能引起的振动方向一致，并牢固连接。

3）埋在地下时，需埋 10cm 深处，并将周围松土砸实。

（五）报警控制器的安装施工要求

（1）报警控制器的安装应符合电气装置工程施工及验收规范的要求。报警控制器安装在墙上时，其底边距地板面高度不应小于 1.5m，正面应有足够的活动空间。报警控制器必须安装牢固、端正。安装在松质墙上时，应采取加固措施。

（2）引入报警控制器的电缆或导线应符合下列要求：

1）配线应排列整齐，不允许交叉、并应固定牢固。

2）引线端部均应编号，所编序号应与图纸一致，且字迹清晰，不易褪色。

3）端子板的每个接线端，接线不得超过两根。

4）电缆芯和导线留有不小于 20cm 的余量。

5）导线应绑扎成束。

6）导线引入线管时，在进线管处应封堵。

（3）报警控制器应牢固接地，接地电阻值应小于 4Ω，采用联合接地装置时，接地电阻值应小于 1Ω。接地应有明显的标志。

（六）报警系统的调试

1. 一般要求

（1）报警系统的调试，应在建筑物内装修和系统施工结束后进行。调试前，应具备该系统设计图纸资料和施工过程中的设计变更文件及隐蔽工程的检测与验收记录等。

（2）调试负责人必须有中级以上专业技术职称，并由熟悉该系统的工程技术人员担任。应具备调试所用的仪器设备，且这些仪器设备符合计量要求。应该仔细检查施工质量、并应做好与施工队伍的交接。

2. 调试

（1）调试开始前应先检查线路，对错接、断路、短路、虚焊等进行有效处理。调试工作应分区进行，由小到大。

（2）报警系统通电后，应按防盗报警控制器通用技术条件的有关要求及系统设计功能检查系统工作状况。主要检查内容如下：

1）报警系统的报警功能，包括紧急报警、故障报警等功能。

2）自检功能。

3）对探测器进行编号，检查报警部位显示功能。

4）报警控制器的布防与撤防功能。
5）监听或对讲功能。
6）报警记录功能。
7）电源自动转换功能。

（3）调节探测器灵敏度，使系统处于最佳工作状态。将整个报警系统至少连续通电 12h，观察并记录其工作状态，如有故障或是误报警，应认真分析原因，做出有效处理。

（4）调试工作结束后，应填写调试报告，并应书写竣工报告。

二、防盗报警系统的使用

（一）探测器的使用与注意事项

1. 被动红外防盗报警探测器

（1）注意老鼠等小动物在探测范围内活动时，同样引起被动红外探测器接收到的红外辐射电平发生变化而产生报警状态，至使系统出现误报警。

（2）当室温或探测器附近温度接近人体温度时，被动红外探测器灵敏度下降，亦造成系统漏报警。

（3）不能在探测器附近或对面安置或放置任何温度会快速变化的物体，如空调器、电加热器等。防止由于热气流流动引起系统的误报警。

（4）红外线穿透能力很差，所以被动红外探测器前不能设置任何遮挡物，否则造成系统漏报警。

（5）强电磁场干扰，易引起探测器误报警，特别是距广播电台、电视台较近的用户更是如此。

（6）应防止任何光源直射探测器，否则系统容易出现误报警。

（7）定期（一般不超过三个月）在探测范围内模仿入侵者移动，以检查探测器的灵敏度，若发现问题及时调整或维修。

（8）注意保护探测器的透光系统，避免用硬物或指甲划伤。

当其上面沾有灰尘时,可用吸球吹去;若用镜头纸擦去灰尘后,必须保证探测器的方向、角度与擦拭前一致。

2. 磁开关探测器

磁开关探测器(俗称门磁)是由舌簧管(干簧管)和永久磁铁构成的装置。当磁铁相对于舌簧管移开一定距离时,引起开关状态的变化、控制有关电路发出报警信号。磁开关探测器按接触点的形式分为:H型,常开型触点;D型,常闭型触点;Z型,转换型触点三种类型。

以H型为例,磁开关探测器使用的注意事项如下:

(1) 在设防区工作人员下班后务必插好门窗,否则由于门窗的晃动会导致系统误报警。

(2) 注意检查舌簧管和磁铁间隙(特别是换季阶段),间隙过大可能导致误报警;过小产生摩擦会损坏舌簧管。

(3) 舌簧管的触点,有时会有粘接现象,此时系统易产生漏报警。应注意定期开窗检查系统工作状态,发现问题及时报告。

(4) 若舌簧管触点接触不良,系统将频繁误报警,此情况说明舌簧管已坏,应及时检修。

(5) 在靠近磁开关探测器附近,不能有强磁场存在,以免影响磁开关探测器的正常工作。

3. 主动红外探测器

(1) 主动红外探测器是线控式探测器,使用时应做恰当的伪装。

(2) 主动红外探测器在室外使用时受气候影响较大,如遇雾、雪、雨、风沙等恶劣气候时,大气能见度下降、主动红外探测器作用距离缩短,系统易产生误报警。遇此情况应加强警戒,确保安全。

(3) 主动红外探测器的灵敏度在出厂时常已调好(通常将触发报警器的最短遮光时间设置在 10^{-2} s 左右),使用者不能自己调节,一旦发生灵敏度过高(易误报警)或过低(易漏报警),应及时通知有关人员检修。

(4) 风刮树摇遮挡红外光束时，易造成系统误报警。

(5) 室内使用主动红外探测器时，窗帘运动容易遮挡红外光束，引起系统的误报警。现场工作人员下班后务必关好窗户。

(6) 透镜表面裸露在空气中，易受污染，需经常用镜头纸擦拭，以保证探测器正常工作。

4．声音复核装置使用

声音复核装置是用于监听入侵者在防范区域内走动或进行盗窃和破坏活动（如撬锁、开启门窗、搬运、拆卸东西等）时所发出声响的装置。声音复核装置配合其他探测器使用，在系统中起着报警复核的作用，即报警系统报警后监听现场的声响，以此可以鉴别报警真伪，故又称监听头。

声音复核装置使用时的注意事项，如下：

(1) 声音复核装置只能配合其他探测器使用。

(2) 警戒现场声学环境改变时，要调节声音复核装置的灵敏度。如警戒区从未铺地毯到铺上较厚的地毯；从未挂窗帘到挂上较厚的窗帘；从较少货物到货物的大量增多等不同情况，调整的灵敏度是不相同的。

5．振动探测器

(1) 不能将振动物体（如电冰箱等）移至装有振动探测器的防范区域，否则会引起系统的误报警。

(2) 在室外使用电动式振动探测器（地音探测器），特别是泥土比，在雨期（土质松软）、冬期（土质冻结）时，探测器灵敏度明显下降，使用者应采取其他报警措施。

(3) 电动式振动探测器磁铁和线圈之间易磨损，一般相隔半年要检查一次，在潮湿处使用时检查的时间间隔还要缩短，发生故障时应及时检修。

6．微波多普勒型探测器

(1) 防范区域不能有运动和可能运动的物体，否则会造成系统误报警。

(2) 微波遇非金属物体穿透性很好，若室外运动物体引起系统误报警时,可通过调节探测器灵敏度解决。

(3)微波遇金属物体反射性很好,金属物体(如铁皮柜等)背面是探测盲区,使用者应注意由此产生的漏报警。

(4)高频电磁波,特别是电视台的发射和停发瞬间,易引起系统的误报警。

7. 微波—被动红外复合探测器

(1)探测器前不能有遮挡物和可能遮挡物。

(2)金属或非金属家具的背后都是该探测器的探测盲区,应防止系统产生漏报警。

(3)应防止小动物(如老鼠等)引起的误报警。

8. 声控单技术玻璃破碎探测器

声控单技术玻璃破碎探测器是能响应玻璃被打碎时产生的高频(10~15kHz)声信号,并进入报警状态的装置。一般门窗玻璃、橱窗玻璃等都是该探测器的保护对象。

声控单技术玻璃破碎探测器使用时的注意事项如下:

(1)电铃声、金属撞击声等易使装有这类探测器的系统产生误报警。

(2)被警戒的室内声学环境有较大改变时,如挂上较厚的窗帘或堆积较高的货物,均应调节控制器的灵敏度。玻璃破碎探测器的灵敏度可用玻璃破碎仿真器调节。

9. 声控—振动双技术玻璃破碎探测器

声控—振动双技术玻璃破碎探测器是将声控单技术玻璃破碎探测与压电式振动探测两种技术组合在一起,只有当同时探测到玻璃破碎时发出的高频声音信号和敲击玻璃引起的振动信号时,才能进入报警状态的装置。这种探测器与声控单技术玻璃破碎探测器相比,可有效地降低误报率,增加入侵报警系统的可靠性。

声控—振动双技术玻璃破碎探测器使用时的注意事项,如下:

(1)使用时,应定期模拟玻璃破碎时产生的声信号和振动信号,检查探测器的灵敏度。

(2) 当室内声学环境变化较大时,应及时调节探测器的灵敏度,以保证系统工作正常和可靠。

(3) 调节灵敏度时,可采用玻璃破碎仿真器来进行调节。

10. 声控—次声波双技术玻璃破碎探测器

声控—次声波双技术玻璃破碎探测器是将声控单技术玻璃破碎探测与次声波探测两种技术,组合在一起,只有当同时探测到玻璃破碎时发出的高频声信号和由此引起的次声波信息时,才能进入报警状态的装置。当玻璃被打碎时除产生高频声音信号和振动信号之外,还由于室内外的压力差以及玻璃附近的空气被压缩产生 $0.5\sim 2Hz$ 的次声波。这类探测器能探测玻璃破碎时产生的高频声音信号和次声波信号的玻璃破碎探测器较声控—振动双技术玻璃破碎探测器在性能上又有了进一步的提高,是目前较好的玻璃破碎测器。

(二) 报警控制器功能与使用注意事项

报警控制器的结构分为台式、柜式和壁挂式三种。目前使用最多的是壁挂式控制器。控制器所能接纳探测器的最多数目,称为控制器的容量,目前使用较多的报警控制器的容量有:4路、8路、16路、32路、64路、128路等。

报警控制器的功能与使用注意事项,如下:

1. 入侵报警

报警控制器应能直接或间接接收来自探测器和紧急报警装置发出的报警信号,发出声光报警,并指示入侵发生的部位,此时值机人员应对信号进行处理,如监听、监视等。确认有人入侵,立即报告保安人员和公安机关出视现场,若确认为是误报警时,则应将报警信号复位。

2. 防破坏报警

(1) 短路、断路报警。传输线路被人破坏,如短路、剪断或并接其他负载时,报警控制器应立即发出声光报警信号,此报警信号直至报警原因被排除后才能实现复位。

(2) 防拆报警。入侵者拆卸前端探测器时,报警控制器应立即发出声光报警,这种报警不受警戒状态影响,提供全天时的防拆保护。

(3) 紧急报警。紧急报警不受警戒状态影响,随时可用。例如,入侵者闯入禁区时,现场工作人员应可巧妙使用紧急报警装置,报知保安人员。

(4) 延时报警。可实现 0~40s 可调的进入延迟及 100s 固定外出延迟报警。

(5) 欠压报警。报警控制器在电源电压等于或小于额定电压的 80% 时,应产生欠压报警。

3. 自检功能

报警控制器有报警系统工作是否正常的自检功能。值班人员可手动自检和程序自检。

4. 电源转换功能

报警控制器有电源转换装置,当主电源断电时,能自动转换到机内备用电源上,按防盗报警控制器通用技术条件的规定,备用电源应能连续工作 24h。

5. 环境适应性能

报警控制器在温度为 -10~+55℃,相对湿度不大于 95% 时均能正常工作。

6. 布防与撤防功能

当警戒现场工作人员下班后应进行布防,现场工作人员上班时应撤防。这种布防与撤防在有些报警控制中可分区进行。

7. 监听功能

报警控制器均有监听功能,在不能确认报警真伪时,将"报警/监听"开关拨至监听位置,即可听到现场的声音,若有连续走动、撬、拉抽屉等声音时,说明确有入侵发生,应马上报知保安及公安人员出视现场。

8. 报警部位显示功能

小容量报警控制器,报警部位一般直接显示在报警器面板上

(指示灯闪烁)。大容量报警控制器配有地图显示板,其标记可按使用者意见定制。

9. 记录功能

大型报警控制器一般都有打印记录功能,可记下报警时间、地点和报警种类等。

10. 通信功能

大型报警控制器一般都留有通信接口,可直接与电话线连接,遇有紧急情况可自动拨通电话。

11. 联动功能

报警后,可自动启动摄像机、灯光、录像机等设备、实现报警、摄像、录像联动。这种视频联动功能常在大型报警控制系统,得到广泛地应用。报警、监控综合使用,以达到高质量的安全防范功能。在智能建筑和许多安全防范要求较高的场所广泛应用。

(三) 防盗报警系统的编程

防盗报警系统的编程,以 ADEMCO 防盗主机为例进行叙述。

ADEMCO 防盗主机采用非易失性的 EEPROM 作为编程记忆,不会因为断电而丢失编程资料。所有的功能选择项与通信功能都需要经过编程才能实现。编程可以通过键盘操作与遥控编程来实现。但 4140×MPT2 防盗控制/通信主机只能通过 C139 或 5330 键盘进行编程。

1. 一般初次编程顺序

(1) 设置子系统(表格编程):子系统数目、每个子系统操作密码数等;

(2) 设置外接器件(#93 菜单编程):键盘、无线扩充器、继电器等选项;

(3) 设置无线与总线扩充功能(表格编程):无线扩充器类型、总线扩充器数目等;

(4) 设置防区(#93 菜单编程):防区类型、子系统、通信码、探头种类；

（5）设置继电器（#93菜单编程）：继电器动作与驱动方式；

（6）设置密码（操作编程）：修改密码、增加密码；

（7）设置时间表（操作编程）：时间窗、布撤防时间表、定时动作表、进出时间表等。

在以上编程顺序中，(6)、(7)项是在退出编程模式的操作编程模式中设置。

2．进入编程模式

有两种方式：

（1）按"主机密码"+"8"+"0"+"0"

（2）在通电后，50s 内同时按"★"+"#"

进入编程后，键盘显示 LED 全灭，LCD 显示，此时可以进行表格编程与菜单编程。

3．输入编程

在 4140×MPT2 所有功能设置中，需要用到以下三种编程方式：即表格编程、菜单编程和操作编程。

（1）表格编程。

进入编程模式后，开始出现的状态，包含系统控制与操作的选择内容。每个编程项显示时包含页数，而输入编程项号为 2 位数，其内容数字视项目填入，如：-00 表示第 0 页 00 项为主机密码，后有 4 个空格，表示有 4 位数字。具体例子，见表 3-10 和表 3-11。

显示和进入方法　　　　　　　　　　　表 3-10

显示	页数	进入方法	显示内容	输入范围
显示 -00	第 0 页	进入编程时出现	第 0 页第 00 项	范围★00 - ★90
显示 100	第 1 页	输入★94 进入，★99 退出	第 1 页第 00 项	范围 1★00 - 1★76
显示 200	第 2 页	输入★94 进入，★99 退出	第 2 页第 00 项	范围 2★00 - 2★21

表 3-11

输入方法和例子

	输入方法	例子	显示与提示案
输入编程项	按"★"+ "项目号"+ "内密码"	在第 0 页下顺序键入★004140 表示输入主机密码为"4140"	在每输入一格内容(表格)时,键盘显示一个数字(2 位),同时键盘"哔"响一声,输入结束后"哔哔哔"三声提示
阅读编程项	按"#"+ "项目号"	顺序输入 #00 表示阅读主机密码	键盘依次显示每格内容,同时键盘"哔"响一声,显示完后"哔哔哔"三声提示

注:1. 输入编程与阅读编程不须按顺序进行,可随便选择编程项。
  2. 清除某项编程内容,输入"★"+"编程项"+"★"。
  3. 恢复所有编程项内容为出厂值,输入"★97"。

(2) 菜单编程。

进入编程模式后输入 #93,进入菜单编程。在菜单编程模式下可以输入以下内容:

  A. 防区编程(ZONE PROG.):所有防区类型、探头类型设置。

  B. 序号编程(SERIAL PROG.)序号式 58 系列探头与总线探头地址码学习。

  C. 文字描述编程(ALPHA PROG.):防区、子系统等文字描述。

  D. 器件编程(DEVICE PROG.):键盘、无线接收机、继电器等地址设置。

  E. 继电器编程(RELAY PROG.):继电器的驱动与动作方式。

输入 00★退出菜单编程模式。

(3) 操作编程。

退出编程模式下,可以做以下操作编程:

  A. 密码设置:增加修改操作者密码。

  B. 时间表设置:设置定时布撤防、定时驱动等方式。

4. 退出编程模式

有两种方式：

（1）按"★99"退出，此方式可用进入编程方式（1）与（2）再次进入编程。

（2）按"★98"退出，此方式只能用进入编程方式2）再次进入编程。适用于当工程完成后系统交于用户时，防止用户偶然进入编程修改了编程导致系统故障。

5. 编程模式编程

为进入编程模式后进行编程，可以按需要选择编程，编程说明如下：

A. 子系统部分选择功能（表格编程）：

子系统数目、每个子系统使用者个数及以下按每个子系统独立的参数：子系统描述、2种出入防区类型进出延时、报警声响限时、布防确认声、键盘紧急按键、重复发声报警、单键布防、2个用户号码、禁止某防区旁路、主机安装码布撤防通信报告、通信报告限制、"进入"告警、窃警报警通信延时、键盘背光显示、退出延时键盘声响、响铃使用外接警号、取消报告限时、出入口控制继电器号、自动布防延时、自动布防警告周期、自动撤防延时、自动布防时强制旁路、例外布撤防报告、限制仅在布撤防时间窗内撤防、允许进入该子系统、允许J7触发器分子系统输出等。

B. #93菜单编程（菜单编程）：

①防区编程（ZONE PROG.）：所有防区类型、探头类型设置；

②序号编程（SERIAL # PROG.）："学习"或删除序号式尺线（58系列探头）与总线探头地址码；

③文字描述编程（ALPHA PROG.）：防区、子系统等文字描述；

④器件编程（DEVICE PROG.）：所谓器件即与键盘连接在一起的设备，如键盘、无线接收机、继电器等的地址码设置；

⑤继电器编程（RELAY PROG.）：继电器的驱动与动作方式。

C. 控制器选择功能（表格编程）：

安装密码、布撤防锁子系统分配、无交流提示声、无交流警号声、随机无交流报告、禁止火警限时、防区类型8触发器、智能测试报告、测试报告周期、断电恢复原状态、首次测试报告时间、允许辅助输出（J7输出）、日期格式、交流电频率、LORRA触发器监控脉冲等功能。

D. 防区选择功能（表格编程）：

防区9快速反应、禁止扩充防区防拆、不使用线末电阻（EORL）、4208防区分配等。

E. 无线部分选择功能（表格编程）：

选择第一个4280无线接收机、选择第二个4280无线接收机、无线发射器低电压警告、无线发射器低电压报告、无线接收机监控时间、无线发射器监控时间、无线接收机类型、无线键盘防误操作、无线键盘分配、禁止无线监控发声、允许5800无线按钮整体布防、允许5800无线按钮强制旁路等功能。

F. 拨号器选择功能（表格编程）：

拨号方式、交换机外线号、两个报警中心电话号码、开关锁布撤防报告、拨号延时、拨号音检测、通信格式、校验确认、Sescoa与Radionics选择、双电话报告、标准/扩充报告、防区1~87的通信码、防区类型1~10恢复报告、非报警通信报告、恢复报告时间、音频拨号/脉冲后备、多重报告、事件记录通信码等功能。

G. 时间表与继电器选择功能（表格编程）

继电器定时、夏令时起始结束时间、允许报警时在撤防窗口外撤防、时间表通信码。

H. 遥控编程选择功能（表格编程）

遥控编程电话号码、遥控编程命令、振铃次数、遥控编程回呼设置等功能。

I. 事件记录选择功能（表格编程）

事件记录类型、12/24小时格式、事件记录即时打印、打印速率等功能。

有关子系统部分选择功能（表格编程）、#93菜单编程（菜单模式）、时间管理编程等内容，参见有关红外探测报警系统说明书，本书中不再赘述。现例举一个基础安装编程实例，来说明 4140×MPT2 的安装编程方法。

（1）硬件配置与系统：

4140×MPT2 主机板、6139 键盘、6137 键盘、警号、变压器、使用总线扩充器 4208 与无线接收机 5881H 或 4281H、各种探头（4线制、总线制、无线）。需要通信到报警中心 685 接收机、内容包括撤布防、探头报警。

（2）编程步骤：

1）进入编程：输入"4140800"，或者通电后 50s 内按"★#"键。若 6139 键盘通电后无显示，同时按 13 键至出现两位数码时，按 00＋★即可。

2）假如主机已被使用过而操作者不清楚其原有编程时，可以先将其所有编程项设为出厂默认值：输入★97、★96。

3）外接扩充器件设置：外接器件即所有连接与键盘并联在一起的器件，因此要设置其地址码来区分，有：

DEVICE PROG.?
1 = YES 0 = NO

①键盘：输入 #93 进入菜单编程，再连续按 0 键到出现器件编程菜单（DEVICE PROG.）输入 1：先选地址码（ADDRESS），（在键盘上设置该地址码参看步骤（1），接着输入外设类型（DEVICE TYPE）（对 6139 为 1，6137 为 2）；再输入该键盘控制的子系统号码（PRATITION NO.）（如 01、02、03……），最后一项（SOVNDER OPTION）输 0。

②无线接收机应在菜单与表格中编程。方法如下：

a. 菜单编程（如上述进入器件编程菜单：先选地址码（ADDRESS）（该地址码有接收机上用拨码选择）；接着输入外设类型（DEVICE TYPE）（输入3）；再输入接收机识别码（HOUSE ID）（对5881，任意输入01-31，对4281，该码与探头拨码开关相一致）。

b. 表格编程（退出菜单编程，输入00★）：在第1页编程表格（输入★94进入），如有显示：

输入★32+接收机代码（0=4280、1=4281、2=5881）。

4）防区编程：

①电路板上1~9防区：

表格编程：输入★41+0（设置2~8防区使用线末电阻监控，必须连接2K电阻）。

菜单编程：输入#93后输入1，进入防区编程。选01~09防区，先输入防区类型（ZONE RESPONSE）；再输入该探头所属子系统号（PARTITION）（若不分子系统可按★跳过）；接着输入通信码（REPORT CODE）（使用CONTACT ID，按1111即可）；最后输入探头类型（INPUT TYPE）（输入1，硬线接线）。

②4208扩充器防区：

表格编程：输入★86+0（使用多个4208）

菜单编程：输入#93后输入1进入防区编程。选17~87防区，先输入防区类型（ZONE RESPONSE）；再输入该探头所属子系统号（PARTITION）（若不分子系统可按★跳过）；接着输入通信码（REPORT CODE）（使用CONTACT ID，按1111即可）；最后输入探头类型（INPUT TYPE）（输入7，开关型总线接线）。4208上拨码开关则应设置对应防区号（其防区号为连续8个）。

③428111/588111无线扩充器防区：

表格编程：第1页★32输入无线接收机类型（0=4280、1=

4281、2 = 5881)。

菜单编程：输入#93后输入1进入防区编程。5700系列探头（使用4281H）：可选10~63防区，系统按防区号自动对应某种防区类型；再输入该探头所属子系统号（若不分子系统可按★跳过）；接着输入通信码（使用CONTACT ID，按1111即可）；最后输入探头类型（输入3，监控型无线）。5700系列探头上拨码开关设置对应防区号与接收机识别码。5800系列探头（使用5881H）：可选10~87防区，先输入防区类型；再输入该探头所属子系统号（若不分子系统可按★跳过）；接着输入通信码（使用CONTACT ID，按1111即可）；再输入探头类型（输入3，监控型无线），然后出现探头序号学习（LEARN S/N），输入1立刻学习，此时触发探头两次，当键盘显示出系列序号时按★确认结束。设置5800系列探头的方法也适用于总线探头，探头类型可选6、7或8。

5) 通信编程：

①拨号编程：

电话号码：★33接着输入电话号码，可以设置★34输入第二电话号码。

拨号方式：★30输入1选择音频拨号方式。

②通信格式与通信码：

输入★94进入第1页表格，输入★83选择预设的（CONTACT ID）通信编程。其中某些需要单独修改的参数可以逐个修改。

6. 系统操作——键盘操作

使用键盘可以对系统进行布防、撤防，并提供其他系统功能，如旁路防区、查看中心留言信息、显示防区描述等，并可显示防区与系统状态（报警、故障、旁路）等信息。

当发生报警时，键盘与外接警号发声，报警防区将显示在键盘上。按下任意一个键时，键盘音停止10s。撤防将使键盘音与外接警号同时停止发声，而键盘上记忆并显示刚才发生报警的防区号,要清除该显示只需再做一次撤防操作即可(输入密码+0,如"4140"+"0")。

(1) 布防。操作方式如下:

①未准备显示:布防前,系统必须处于"准备好"(READY)状态(即所有防区未触动)。若显示"未准备"(NOT READY),按"★"键查看未准备防区。

②外出布防:输入"密码+2"。

③留守布防:输入"密码+3"。

④快速布防:输入"密码+7"。

⑤全防布防:输入"密码+4"。

⑥整体布防:若有多个子系统,并且所用密码设置了整体布防功能,键盘将显示:

```
        ARM ALL?
      0 = NO   1 = YES
```

若输入0,则只对该子系统布防,若输入1、则将逐个提示对可操作的子系统布防,若有防区未准备好,键盘将显示这些防区号。

⑦撤防:输入"密码+1"二次。

⑧旁路防区:输入"密码+6+××(防区号)";强制旁路所有未准备防区,输入"密码+6+#"。

⑨响铃模式:输入"密码+9",重复一次则取消响铃模式。

(2) 出入口控制。

若在1★76中编程设置了出入口控制继电器,要启动该继电器,输入"密码+0",则继电器将动作2s后自动释放,一般用于电动门启动。

(3) 延迟布防时间。

若设置了自动布撤防时间表,可以设置延迟最多到2h才自动布防。该功能在操作者临时决定加班时很有用。输入"密码+#+82",键盘将显示:

```
CLOSING DELAY?
HIT0 – 2 HOURS
```

输入 1 或 2h 延时。按"★"确认,按"#"取消。该延时从自动布防窗口开始,不是从现在时间开始,并且不能再减小,只能增加。密码级别必须为 0~3 级。

(4) 子系统"登陆"命令(GOTO)。

每个子系统都可在 2★18 设置允许其他子系统"登陆",即在其他子系统的键盘上,输入"密码 + ★ + ×(要"登陆"的子系统号码)",键盘将显示被"登陆"的子系统的状态,就可在该键盘上操作"登陆"子系统(布撤防、旁路等)。若键盘在 120s 内不动作将自动回复原子系统中。

(5) 检查密码。

输入"密码 + ★ + ★",键盘将显示该密码编号、级别、所属子系统号等信息,如显示:

```
Part.1 WHSE
User02 Auth = 1
```

表示该密码属于 1 子系统,级别为 1,在该子系统中编号为 02。级别号右边小点表示该密码设置了布撤防报告,若无则不报告该密码做的布撤防操作。

(6) 查看中心留言。

通过遥控编程功能,报警中心可以给用户留言,此时键盘显示"Message.Press O for5secs."。即按住"0"键 5s 显示这些信息。但只有在系统准备好状态下显示并且只能使用 6139 键盘。

(7) 使用内置用户手册。

键盘上每个键在系统都内置有操作方法说明,按下某键 5s 后放开;键盘将显示该键的操作方法与功能。该操作可以在布防或撤防状态下进行。

(8) 紧急按键。

每个子系统键盘都有三个可编程（在★22、★05 或 #93 设置）紧急按键，如：

| ★+1 键：防区 95　　#+3 键：防区 96　　★+# 键：防区 99 |

（9）特殊显示。如下显示，其含义为：

CHECK+××：某个防区有故障，检查设置及安装情况，若改正后输入密码+1 取消。

CHECK+97：总线有短路故障。

COMM，FAILURE 或 FC：报告通信故障，可能电话线路或报警中心故障。

LO BAT 或 BAT：系统后备电池电压不足。

LO BAT 或 BAT+××（防区号）：该防区号的无线发射器电池电压不足，要更换。键盘每分钟还会响声提示。

MODEM COMM 或 CC：表示正在与电脑进行遥控编程操作，此时不能进行任何操作，并且不响应任何报警，故障信号。

AL LOSS 或 NO AC：交流断电，只使用后备电池操作。

第四章 出入口控制系统

出入口控制系统即门禁管理系统，是用来控制进出建筑物或一些特殊的房间和区域的管理系统，属公共安全管理系统范畴。在建筑物内的主要管理区、出入口、电梯厅、主要设备控制中心机房、贵重物品的库房等重要部位的通道口安装上门禁系统，可有效控制人员的流动，并能对工作人员的出入情况做及时地查询。如果遇到非法进入者，还能实时报警。

门禁系统是最近几年才在国内广泛应用的高科技安全设施，现已成为现代建筑的智能化标志之一。

第一节 出入口控制系统（门禁系统）的功能与结构组成

一、门禁系统的结构组成

门禁系统主要由识别卡、读卡器、控制器、电磁锁、出门按钮、钥匙、指示灯、上位 PC 机、通信线缆、门禁管理软件（若用户需要）等组成。门禁系统一般具有如图 4-1 所示的基本结构，它包括 3 个层次的设备。

（1）底层是直接与人员打交道的设备，有读卡机、电子门锁、出口按钮、报警传感器和报警嗽叭等。主要用来接受人员输入的信息，再转换成电信号送到控制器中，同时根据来自控制器的信号，完成开锁、闭锁等工作。

（2）控制器接收底层设备发来的有关人员的信息，同自己存储的信息相比较以作出判断，然后再发出处理的信息。单个控制器就可以组成一个简单的门禁系统来管理一个或几个门。多个控制器通过通信网络同计算机连接起来就组成了整个建筑的门禁系统。

(3) 计算机装有门禁系统的管理软件,它管理着系统中所有的控制器,向它们发送命令,对它们进行设置,接收其发来的信息,完成系统中所有信息的分析与处理。

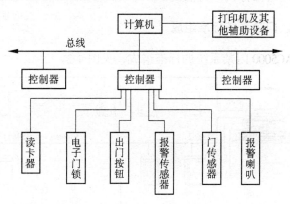

图 4-1 门禁系统的基本结构

二、门禁系统的功能

门禁系统的主要功能有:

(1) 对已授权的人,凭有效的卡片、代码或特征,允许其进入。未被授权的人则拒绝其入内,属黑名单者将报警。

(2) 门内人员可用手动按钮开门。

(3) 门禁系统管理人员可使用钥匙开门。

(4) 在特殊情况下由上位机指令门的开关。

(5) 门的状态及被控信息记录到上位机中,可方便地进行查询。

(6) 上位机负责卡片的管理(发放卡片及登录黑名单)。

(7) 对某时间段内人员的出入状况或某人的出入状况可实时统计、查询和打印。

另外，该系统还可以加入考勤系统功能。通过设定班次和时间，系统可以对所有存储的记录进行考勤统计。如：查询某人在某段时间内的上下班情况、正常上下班次数、迟到次数、早退次数等，从而进行有效的管理。根据特殊需要，系统也可以外接密码键盘输入、报警信号输入以及继电器联动输入，可驱动声、光报警或起动摄像机等其他设备。

三、门禁系统标准组成

IBAC5000门禁系统的标准组成，见图4-2。

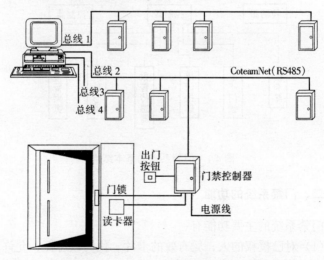

图4-2　IBAC5000出入口控制系统的标准组成

第二节　个人识别技术

一、个人识别方法

1. 个人识别种类

各种个人识别方法分为三类：密码、卡片（包括磁卡、IC

卡、非接触式IC卡)和生物特征识别(包括指纹、掌纹、视网膜)。

2．个人识别方法的工作原理

（1）密码：采用输入预先登记的密码进行确认。

（2）卡片：

1）磁卡：对磁卡上的磁条存储的个人数据进行读取与识别。

2）IC卡：对存储在IC卡中的个人数据进行读取与识别。

3）非接触式IC卡：对存储在IC卡中的个人信息进行非接触式的读取与识别。

（3）生物特征识别：

1）指纹：输入指纹与预先存储的指纹进行比较与识别。

2）掌纹：输入掌纹与预先存储的掌纹进行比较与识别。

3）视网膜：用摄像输入视网膜与存储的视网膜进行比较与识别。

3．各种个人识别方法的优缺点

（1）密码：无携带物品，价格低廉，但是不能识别个人身份，会泄密或遗忘，并需要定期更改密码。

（2）磁卡：有效，价格低廉，但伪造更容易，会忘带卡或丢失，但是为了防止丢失和伪造，可与密码法并用。

（3）IC卡：伪造难，存储量大，用途广泛，但会忘带卡或丢失。

（4）非接触式IC卡：伪造难，操作方便，耐用，但会忘带卡或丢失。

（5）指纹：无携带问题，安全性极高，装置易小型化，但对无指纹者不能识别，总的看来，这种方法效果较好。

（6）掌纹：无携带问题，安全性很高，但精确度比指纹法略低。

（7）视网膜：无携带问题，安全性极高，但对弱视或瞳眼不足而视网膜充血以及视网膜病变者无法对比。使用这种方法时，应注意摄像光源强度不致对眼睛有伤害。

二、智能卡的分类及其特性

智能卡分接触型和非接触型两大类。接触型分为：智能卡、（包括 M/S 对比 ISO 卡、ROM 卡、RAM 卡），超级智能卡、存储卡（包括 ROM 卡和 RAM 卡）；非接触型分为：近接结合卡和远隔结合卡。

1. 智能卡

智能卡由 CPU 和存储器构成，由芯片、RC、制板、卡片基体组成，对于 RAM 智能卡和超级智能卡还备有电池。M/S 对比 (ISO) 卡和 ROM 卡的芯片种类为：8bitCPU + 16~64R EPROM 和 16~64K EEPROM。

RAM 卡的芯片种类为：8bitCPU + CMOS·SRAM。

超级智能卡的芯片种类为：8bitCPU + 16K ROM、8K RAM。

2. 存储卡

存储卡由存储器构成，由芯片、RC、制板、卡片基体组成。ROM 卡的芯片种类：MASK ROM（1M×1~4）或 EPROM（256K×2），或 EEPROM（64K×4）。RAM 卡的芯片种类：CMOS·SRAM（64K×16）周边电路用 IC。

3. 非接触型智能卡

近接结合卡和远隔结合卡由 CPU 和存储器组成。

三、磁卡、智能卡和光卡的比较

1. 磁卡

磁卡是将磁性储存媒体嵌入塑料卡内。ISO 规格为 54mm×85mm×0.76mm 存储容量为 1.2K，没有 CPU，记录媒体是磁带，容易读取记载内容，易伪造、修改等。可能被电器制品或包内的铁器制品等具有磁性的材料所破坏。记录媒体安全性和存储容量受限制，连线作业为 CO/ATM 存提款，基于安全性，无法达成离线交易；连线作业时，网络成本高。磁卡可以重写，价格低，缺点是容量小，易受伤害，资料容易改。

2. 智能卡

智能卡是将芯片嵌入塑料卡内。ISO 规格为 54mm×85mm×0.76mm，存储容量有：8K（1 千字节）、16K（2 千字节）、64K（8 千字节）、256K（32 千字节），以及发展中的 1M。CPU 是 8bit 内存，记录媒体为 IC 存储器，智能卡的记载资料不易被伪造或窜改，不受磁性影响，但会因静电受伤害，可作密码运算和增加存储容量。连线作业为 CD/ATM 存提款信用卡授权销售点转账家庭/企业银行。智能卡具有处理能力和较大存储容量，可达成离线交易，如预付交易、记账交易和信用交易。智能卡作业转换期间可与磁卡并用，达成作业转换期间终端转换交易，可离线或连线，网络成本低，可以重写。优点是速度快，具有计算能力，安全性高；缺点是成本较高，容量适中。

3. 光卡

光卡是将光储存媒体嵌入塑料卡内，存储容量为 2M 字节，没有 CPU，记录媒体为聚碳酸酯，记载资料不易改变，容易刮伤破坏。光卡存储容易，仍有可能增大，连线和离线作业为 N/A（较适合医疗系统），作业转换和网络也为 N/A，（较适合医疗系统），不可重写，光卡的优点是容量大，可储存影像，安全性高；缺点是读写时间长。

第三节 门禁系统的主要设备

一、主要设备及性能

1. 识别卡

按照工作原理及使用方式等方面的不同，可将识别卡分为不同的类群：如接触式和非接触式、IC 和 ID、有源和无源；但无一例外，它们最终的目的都是作为电子钥匙被使用，只是在使用的方便性，系统识别的保密性等方面有所不同。

接触式是指必须将识别卡插入读卡器内或在槽中划一下，才能读到卡号，例如 IC 卡、磁卡等。非接触式读卡器是指识别卡无需与读卡器接触，相隔一定的距离就可以读出识别卡内的数据。

(1) 磁卡：磁卡是一种磁记录介质卡片，它由高强度、耐高温的塑料或纸质涂覆塑料制成，能防潮、耐磨且有一定的柔韧性，携带方便、使用较为稳定可靠。通常磁卡的一面印刷有说明提示性信息，如插卡方向；另一面则有磁层或磁条，具有 2~3 个磁道以记录有关信息数据。

(2) 智能卡：智能卡的名称来源于英文名词"Smart card"，又称集成电路卡，即 IC 卡（Integrated Circuit card）。它将一个集成电路芯片镶嵌于塑料基片中，封装成卡的形式，其外形与覆盖磁条的磁卡相似。它一出现，就以其超小的体积、先进的集成电路芯片技术以及特殊的保密措施和无法被译及仿造的特点受到普遍欢迎。由于磁卡已得到广泛应用，为了从磁卡平稳过渡到 IC 卡，即为了兼容，在 IC 卡上仍保留磁卡原有的功能，即在 IC 卡上仍贴有磁条，因此 IC 卡也可同时作为磁卡使用。根据卡中所镶嵌的集成电路的不同可以分成以下三类：

1) 存储器卡。卡中的集成电路为 EEPROM（可用电擦除的可编程只读存储器）。

2) 逻辑加密卡。卡中的集成电路具有加密逻辑和 ZEPROM。

3) CPU 卡。卡中的集成电路包括中央处理器 CPU、EEPROM、随机存储器 RAM（用来存储卡片在使用过程中的临时数据）以及固化在只读存储器 ROM（含有由处理器执行的永久性代码）中的片内操作系统。

严格来讲，只有 CPU 卡才是真正的智能卡，从对智能卡上进行信息读写的方式，可分为接触型和非接触型（感应型）两种。

1) 接触型智能卡。接触型智能卡的物理结构如图 4-3 所示。它是由读写设备的接触点与卡上的触点相接触而接通电路进行信息读写的。接触式 IC 卡的正面中左侧的小方块中有 8 个触点，其下面为凸型字符，卡的表面还可印刷各种图案，甚至人像。卡的尺寸、触点的位置、用途及数据格式等均有相应的国际标准予以明确规定。

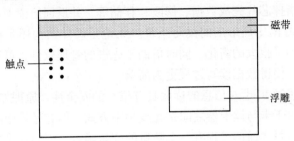

图 4-3 接触型智能卡的物理结构

与磁卡相比，接触式 IC 卡更加安全可靠，除了存储容量大，还可一卡多用，同时，可靠性比磁卡高，寿命长。

读写机构比磁卡读写机构简单可靠，造价便宜，维护方便，容易推广。正由于以上优点，使得接触式 IC 卡市场遍布世界各地，风靡一时。

2) 非接触型智能卡。非接触式 IC 卡（见图 4-4）由 IC 芯片、感应天线组成，并完全密封在一个标准 PVC 卡片中，无外露部分。它分为两种，一种为近距离耦合式，卡必须插入机器缝隙内。另一种为远程耦合式。

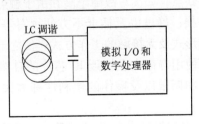

图 4-4 非接触智能卡

非接触式 IC 卡的读写，通常由非接触型 IC 卡与读卡器之间通过无线电波来完成。非接触型 IC 卡本身是无源体，当读卡器对卡进行读写操作时，读卡器发出的信号由两部分叠加组成。一部分是电源信号，该信号由卡接收后，与其本身的 L/C 产生谐振，产生一个瞬间能量来供给芯片工作。另一部分则是结合数据信号，指挥芯片完成数据、修改、存储等，并返回给读卡器。由非接触式 IC 卡所形成的读写系统。无论是硬件结构还是操作过程都得到了很大的简化。同时借助于先进的管理软件，可进行脱机操作，使得数据读写过程更为简单。

非接触 IC 卡对信息的读取具有很高的安全性，原理如下：

①由于卡与读卡器之间是无线频率方式，但它是采用的变数方式，即每次通信过程有一个随机的变量函数，因而外界想通过无线电接收器来分析系统的参数将是极其困难的。

②卡和读卡器都必须经过严格的授权以后，方可使用。任何非法用户想获取卡中的信息都是不可能的。

③由于每张卡都有一个 32 位的独立卡号，这一卡号是在芯片的加工过程中形成的，是惟一不变的，且卡中系统区具有加密算法校验。因此，伪造卡也是不可能的。

④卡中的用户区可按用户要求，设置成若干个小区，每个小区都可分别设置密码。

非接触式 IC 卡与传统的接触式 IC 卡相比，它在继承了接触式 IC 卡的优点的同时，如大容量、高安全性等，又克服了接触式所无法避免的缺点，如读写故障率高和由于触点外露而导致的污染、损伤、磨损、静电以及插卡不方便读写等。非接触式 IC 卡以完全密封的形式及无接触的工作方式，使之不受外界不良因素的影响，从而使用寿命完全接近 IC 芯片的自然寿命，因而卡本身的使用频率和期限以及操作的便利性都大大高于接触式 IC 卡。

非接触式 IC 卡和接触式 IC 卡相比具有以下特点：

①因为非接触式通信方式不存在机械触点磨损的情况，所以大大提高了有关应用的可靠性。

②因为是非接触式通信，所以不必进行卡的插拔，大大提高

了每次使用的速度。

③可以同时操作多张非接触式IC卡，提高了应用的并行性，无形中提高了系统工作速度。

④因为是非接触式通信，卡上无机械触点，既便于卡的印刷，又提高了卡的使用可靠性，也更加美观。

正因为如此，非接触式IC卡非常适合于以前接触式IC卡无法或较难满足要求的一些应用场合，如公共电汽车自动售票系统等。这将IC卡的应用在广度和深度上大大推进了一步。

2. 读卡器

读卡器分为接触卡读卡器（磁条、IC），和感应卡（非接触）读卡器（依数据传输格式的不同，大抵可分为韦根、智慧等）等几大类，它们之间又有带密码键盘或不带密码键盘的区别。

读卡器设置在出入口处，通过它可将门禁卡的参数读入，并将所读取的参数经由控制器判断分析。准入则电锁打开，人员可自行通过。禁入则电锁不动作，而且立即报警并作出相应的记录。

3. 控制器

控制器是门禁系统的核心，它由一台微处理机和相应的外围电路组成。如果将读卡器比作系统的眼睛，将电磁锁比作系统的手，那么控制器就是系统的大脑。由它来决定某一张卡是否为本系统已注册的有效卡，该卡是否符合所限定的时间段，从而控制电磁锁是否打开。

由控制器和第三层设备可组成简单的单门式门禁系统。与联网式门禁系统相比，少了统计、查询和考勤等功能，比较适合无须记录历史数据的场所。

4. 电锁

门禁系统所用电锁一般有三种类型：电阴锁、电磁锁和电插锁，视门的具体情况选择。电阴锁、电磁锁一般可用于木门和铁门；电插锁用于玻璃门。电阴锁一般为通电开门，电磁锁和电插锁为通电锁门。

5. 计算机

门禁系统的微机通过专用的管理软件对系统所有的设备和数据进行管理，其功能有以下几项：

(1) 设备注册。比如在增加控制器或是卡片时，需要重新登记，以使其有效；在减少控制器或是卡片遗失、人员变动时使其失效。

(2) 级别设定。在已注册的卡片，哪些可以通过哪些门，哪些不可以通过。某个控制器可以让哪些卡片通过，不允许哪些通过。对于计算机的操作要设定密码，以控制哪些人可以操作。

(3) 时间管理。可以设定某些控制器在什么时间可以或不可以允许持卡人通过；哪些卡片在什么时间可以或不可以通过哪些门等。

(4) 数据库的管理。对系统所记录的数据进行转存、备份、存档和读取等处理。

(5) 系统正常运行时，对各种出入事件、异常事件及其处理方式进行记录，保存在数据库中，以备日后查询。

(6) 报表生成。能够根据要求定时或随机地生成各种报表。比如，可以查找某个人在某段时间内的出入情况，某个门在某段时间内都有谁进出等，生成报表，并可以用打印机打印出来。进而组合出"考勤管理"、"巡更管理"、"会议室管理"等。

(7) 网间通信。系统不是作为一个单一的系统存在，它要向其他系统传送信息。比如在有非法闯入时，要向电视监视系统发出信息，使摄像机能监视该处情况，并进行录像。所以要有系统之间通信的支持。

管理系统除了完成所要求的功能外，还应有漂亮、直观的人机界面，使人员便于操作。

二、门禁系统的控制方式

通常实现出入口控制的方式有以下三种：

1. 门磁开关控制

在需要了解其通行状态的门上安装门磁开关（如办公室门、通道门、营业大厅门等）。当通行门开/关时，安装在门上的门磁开关，会向系统控制中心发出该门开/关的状态信号，同时系统控制中心将该门开/关的时间、状态、门地址，记录在计算机硬盘中。另外也可以利用时间诱发程序命令，设定某一时间区间内（如上班时间），被监视的门无需向系统管理中心报告其开关状态，而在其他的时间区间（如下班时间），被监视的门开/关时，向系统管理中心报警，同时记录。

2. 电动门锁控制

是在需要监视和控制的门（如楼梯间通道门、防火门等）上，除了安装门磁开关以外，还要安装电动门锁。系统管理中心除了可以监视这些门的状态外，还可以直接控制这些门的开启和关闭。另外也可以利用时间诱发程序命令，设定某通道门在一个时间区间（如上班时间）内处于开启状态，在其他时间（如下班时间以后），处于闭锁状态。或利用事件诱发程序命令，在发生火警时，联动防火门立即关闭。

3. 读卡器或密码盘控制

是在需要监视、控制和身份识别的门或有通道门的高保安区（如金库门、主要设备控制中心机房、计算机房、配电房等），除了安装门磁开关、电控锁之外，还要安装读卡器或密码键盘等出入口控制装置，由中心控制室监控，采用计算机多重任务处理。对各通道的位置、通行对象及通行时间等实时进行控制或设定程序控制，并将所有的活动用打印机或计算机记录，为管理人员提供系统所有运转的详细记录。

三、门禁控制系统举例

以美国 UNITEK 公司的 UNITEAM IBAC5000 型出入口控制系统（门禁系统）为例进行说明。

IBAC5000 出入口控制系统的标准应用为控制 1~124 个门（出入口），以 RS-485 联网，传输距离小于 500m。系统的配置见

图 4-5。系统的主要功能与技术指标：

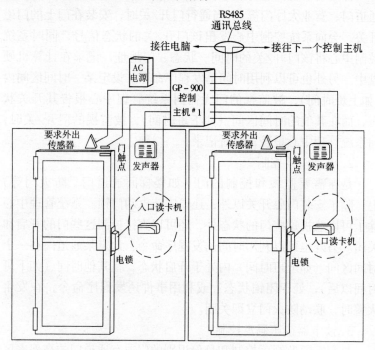

图 4-5 门禁系统的控制装置的配置

1. 操作员管理

(1) 设置多达 256 种操作员操作级别，定义操作程度；

(2) 每个操作员只能操作被限定的模块；

(3) 操作员每一步操作都将产生一个事件，存入事件库中，作为操作员的工作记录。

2. 使用者管理

(1) 本系统的使用者的基本容量为 4000 人，最大为 65000 人（要考虑硬盘容量及运行效率）；

(2) 使用者库中有使用者照片、个人密码及其他个人信息；

(3) 可设定使用期限及使用次数，可对使用者进行分组管理等。

3. 设备管理

（1）系统在基本模式下可管理 1~124 个出入口，在扩展模式下可管理无限个出入口（建议不超过 4000 个）；

（2）可由控制中心在图形方式下设定、监视、控制各出入口控制器的各种参数及设备状态。

4. 事件管理

（1）系统对操作员事件、门控器事件以及各类故障事件等分类处理，存入事件管理数据库；

（2）可生成日志文件；

（3）可为考勤等其他应用提供数据源。

5. 报警管理

（1）除故障及常用报警外，系统操作员还可定义其他某个事件为报警事件；

（2）当报警发生时，系统会自动弹出故障点的报警画面，并有声、光及语音提示。

6. 巡更管理

（1）本系统可设计多达 2000 条巡更路线；

（2）能同时处理 16 个并发巡更操作；

（3）配合巡更终端，使得巡更管理更为安全可靠，易于操作。

第五章 楼宇对讲系统与电子巡更系统

第一节 楼宇对讲系统（访客对讲系统）

楼宇对讲系统是在公寓、住宅小区和高层住宅楼中使用较广的一种安全防范系统。通过这套系统，住宅小区住户可在家中用对讲/可视对讲分机及设在单元楼门口的对讲/可视对讲门口主机与来访者建立音像通信联络系统，与来访者通话，并通过声音或分机屏幕上的影像来辨认来访者。当来访者被确认后，住户主人可利用分机上的门锁控制键，打开单元楼门口主机上的电控门锁，允许来访者进入。否则，一切非本单元楼的人员及陌生来访者，均不能进入。这样可以确保住户的方便和安全，是住户的第一道非法入侵的安全防线。

一、楼宇对讲系统的组成及功能

楼宇对讲系统按功能可分为单对讲型和可视对讲型两种类型。这两种类型的区别仅在于单对讲系统的访客和住户之间只能进行语音的传递，而可视对讲系统的访客和住户之间能进行语音和图像的传递。现以楼宇可视对讲系统为例，介绍楼宇对讲系统的组成及功能。

（一）楼宇可视对讲系统的组成

1. 对讲分机

室内对讲分机（图 5-1）用于住户与访客或管理中心人员的通话、观看来访者的影像及开门功能。它由装有黑白或彩色影像管、电子铃、电路板的机座及座上功能键和手机组成，由本系统的电源设备供电。分机具有双向对讲通话功能，影像管显像清晰，呼叫为电子铃声。可视分机通常安装在住户的起居室的墙壁上或住户房门后的侧墙上，与门口主机配合使用。

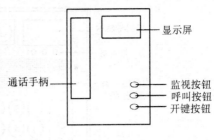

图 5-1 室内对讲分机

2. 门口主机

用于实现来访者通过机上功能键与住户对讲通话，并通过机上的摄像机提供来访者的影像。机内装有摄像机、扬声器、麦克风和电路板，机面设有多个功能键，由系统电源供电，安装在单元楼门外的左侧墙上或特制的防护门上。

门口主机分为直接按键式和数字编码式两种。其中直接按键式门口主机（见图 5-2）上有多个按键，分别对应于楼里的每个住户，系统容量小，一般不超过 30 户。而数字编码式主机（见图 5-3）由 10 位数字键及"#"键与"*"键组成拨号键盘，来访者访问住户时，可像拨电话号码一样拨通被访问住户的房门号。数字编码式可视对讲系统适用于多住户场合。

3. 电源

楼宇对讲系统采用 220V 交流电源供电，直流 12V 输出。为了保证在停电时系统能够正常使用，应加入充电电池作为备用电

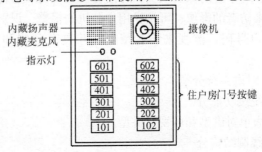

图 5-2 直接按键式门口主机

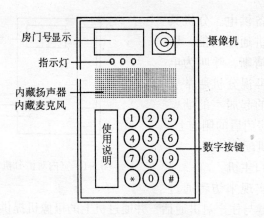

图 5-3 数字编码式门口主机

源。

4．电锁

电控锁安装在单元楼门上，受控于住户和物业管理保安值班人员，平时锁闭。当确认来访者可进入后，通过对设定键的操作，打开电锁，来访者便可进入。进入后门上的电锁自动锁闭。

5．管理中心主机

在大多数楼宇可视对讲系统中都设有管理中心主机，它设在保安人员值班室，主机装有电路板、电子铃、功能键和手机（有的管理主机内附荧幕和扬声器），并可外接摄像机和监视器。

物业管理中心的保安人员，可同住户及来访者进行通话，并可观察到来访者的影像；可接受用户分机的报警，识别报警区域及记忆用户号码，监视来访者情况，并具有呼叫和开锁的功能。

（二）对讲系统分类

1．系统按功能分

可分为单对讲型和可视对讲型。

2．按线制结构分

可分为多线制、总线加多线制、总线制（表 5-1 及图 5-4）。

三种系统的性能对比　　　　　　表 5-1

性　　能	多线制	总线多线制	总线制
设备价格	低	高	较高
施工难易程度	难	较易	容易
系统容量	小	大	大
系统灵活性	小	较大	大
系统功能	弱	强	强
系统扩充	难扩充	易扩充	易扩充
系统故障排除	难	容易	较易
日常维护	难	容易	容易
线材耗用	多	较多	少

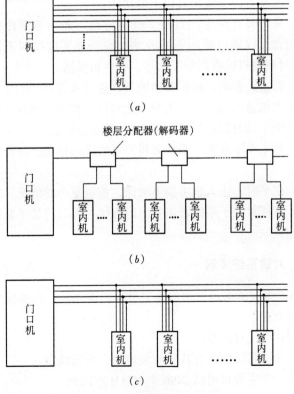

图 5-4　三种对讲系统结构
（a）多线制；（b）总线多线制；（c）总线制

（1）多线制系统：通话线、开门线、电源线共用，每户再增加一条门铃线。

（2）总线多线制：采用数字编码技术，一般每层有一个解码器（四用户或八用户），解码器与解码器之间以总线连接，解码器与用户室内机呈星形连接，系统功能多而强。

（3）总线制：将数字编码移至用户室内机中，从而省去解码器，构成完全总线连接。故系统连接更灵活，适应性更强，但若某用户发生短路，会造成整个系统不正常。

（三）楼宇可视对讲系统的功能

楼宇可视对讲系统具有以下的功能：

（1）来访者在住宅门口按下呼叫按钮（若为多室内机的系统，来访者可以通过呼叫不同的地址编码来实现呼叫不同的住户），这时室内机接收到触发信号，铃声被激活。

（2）若主人在家，可把听筒摘下，这时来访者的图像自动地呈现在室内机显示屏上，主人可与之对话，在主人允许并按下出门按钮（或手动开门）后，来访者便可推门进入。

（3）若主人不在家，来访者将不可能进入住宅，保护了室内的安全。

（4）在平时，主人也可摘下听筒，监视室外的情况。

（5）可视对讲子系统若需要出门按钮，可与门禁子系统的出门按钮相关联。

二、对讲系统举例

图 5-5 为台湾进祯公司的楼宇可视对讲系统，该系统中各种设备的特点如下：

1. T1M 可视对讲分机

（1）并接系统配线方式，安装容易，系统稳定。

（2）一个室外机可结 2496 个 MT1M 室内机。

（3）室内机具有监视室外机功能。

（4）通过管理中心主机可互相对讲及 3min 定时停止，显示通话占线及留言等功能。

（5）室内机可接紧急按钮，瓦斯探测器等报警装置。

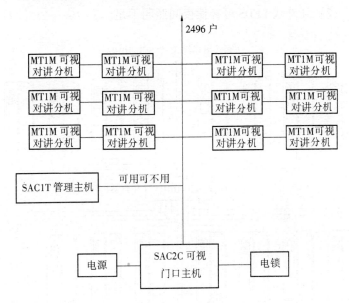

图 5-5　楼宇可视对讲系统（台湾进祯公司）

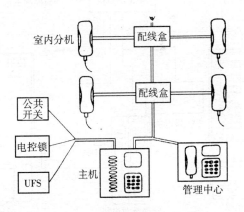

图 5-6　单对讲系统连接图
注：室内分机可根据需要再设置分机

2. AC2C 可视对讲主机

（1）可接 2496 个可视室内机。

（2）红外线 LEDS 可补偿夜间照明不足。

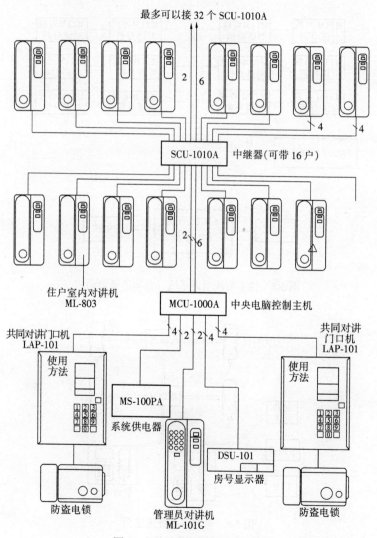

图 5-7　ML-1000A 型单对讲系统

(3) 通过管理总机可与室内机多户同时相互对讲。
(4) 具有密码开锁功能（可随时改变密码）。

3. SAC1T 管理中心主机
(1) 可接 99 个门口主机。
(2) 总机可开 99 个门锁。
(3) 可显示用户机盗警、瓦斯火警、防抢（紧急求助）等状

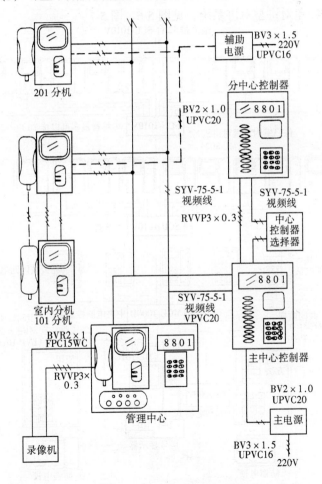

图 5-8　可视对讲系统接线图

况。

(4) 可与社区、室内机、主机相互对话。

(5) 可由总机检查分机、主机是否正常。

(6) 可经由界面传输至电脑，作图面显示，进行打印记录，并进行双向控制处理。

(7) A住户及B住户对讲时，可由总机转接。

4. 单对讲型对讲系统，见图5-6、图5-7。

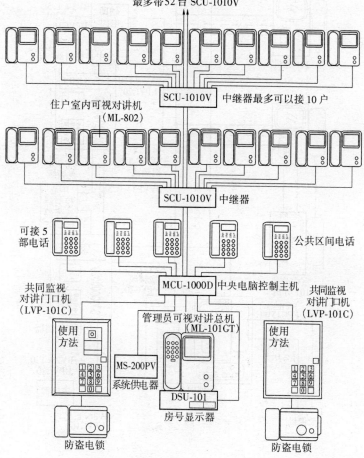

图 5-9　ML-1000D（S）型可视对讲系统

5. 可视对讲型对讲系统，见图 5-8、图 5-9。

第二节　电子巡更系统

一、电子巡更系统的功能

（1）电子巡更系统是在指定的巡逻路线上安装巡更按钮或读卡器，保安人员在巡逻时依次输入信息，输入的信息及时传送到控制中心。控制中心的计算机上设有巡更系统管理程序，可设定巡更线路和方式。保安人员在规定的巡逻路线上巡逻时，在指定的时间和地点向中央控制站发回信号以表示正常。如果在指定的时间内，信号没有发到中央控制站，或不按规定的次序出现信号，系统将认为异常。有了巡更系统后，如巡逻人员出现问题或危险，如被困或被杀，会很快被发觉，从而增加了大楼的安全性。

（2）电子巡更系统还可帮助管理人员分析巡逻人员的表现。

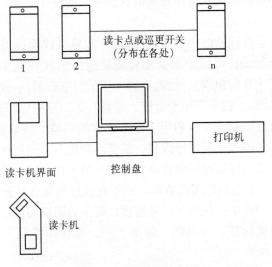

图 5-10　电子巡更系统示意图

管理人员可以随时在电脑中查询保安人员巡逻情况、打印巡检报告，并对失盗失职现象进行分析。图5-10为电子巡更系统示意图。

二、感应式电子巡更系统

以杭州立方自动化有限公司的感应式电子巡更系统为例进行说明。

（1）立方（REFORMEN）感应式电子巡更系统由掌上感应式巡更终端、感应式巡更标签和巡更管理软件组成。利用电子巡更系统，能够准确地考证保安人员所走的线路、所到达的时间和所检查的状态，并形成作业表。

在保安人员计划行走的路线上，设置需要检查的地点（位置），并在每个地点（位置）上安装一个巡更标签。当保安人员到达指定地点时，他用手持的巡更终端读一下巡更标签，则巡更终端自动记录巡更标签中的信息、到达的日期和到达的时间，同时可以记录巡更状态。随后，只要将巡更终端中的资料传输到电脑中，即可准确地知道保安人员到达每一地点（位置）的详细信息。

（2）巡更标签的内部是由IC晶片和感应线圈组成，外部用塑料密封而成，可以根据需要做成任意的形状和大小，如PVC卡片（用于身份识别）、钥匙挂牌（用于门禁管制）、玻璃管（用于动物体内）、钉子（用于墙壁、植物）等。巡更标签坚固耐用，无使用次数限制，可以适用于非常恶劣的环境，从墙壁到机器、厂房，从物体表面到墙壁内部，甚至动物皮下，巡更标签无处不可安装。巡检标签出厂时含有一个惟一的十位编码，手机可以在5cm以内，非接触地阅读该码。由于阅读过程是非接触式的，因此，灰尘、雨水、污物和反复阅读，既不会影响阅读过程，又不会破坏巡检标签。与条码、磁条不同，巡检标签是无法被复制的。

（3）立方（REFORMEN）巡更系统特点：

1）设计运用手机充电电池，方便使用。

2）省电模式装置：一块充电电池充满可触发感应30000次，在通常模式下可使用3个星期。

3）可以记录4096个数据，高效、可靠的记忆体不会丢失记忆内容（即使在无电状态下）。

4）小巧的手机外形设计，方便携带。

5）低耗电感应读头，读取距离为6cm。

6）周全的资料保护管制，一旦资料进入就不能被修改或删除，只能通过密码保护的软件才能将资料读出。

7）可与计算机通过RS232串口进行通信。

8）运用巡更管理软件可轻松定义整套巡逻流程及打印巡逻报告。

9）户外使用时，温度适用于 –10～+50℃。

10）设备价格更具竞争力，令管理者轻松决策。

11）由于阅读巡更标签的过程是非接触式的，因此整套系统不会受灰尘、雨水、污物和反复阅读的影响，更加可靠耐用，并且操作简单，方便巡逻人员使用。

第六章 停车场管理系统

停车场电脑收费管理系统是现代化停车场车辆收费及设备自动化管理的统称,是将车场完全置于计算机管理下的高科技机电一体化产品。

电脑收费管理系统主要优点为:严格收费管理;树立全新的物业管理形象;安全管理。

第一节 系统组成

一、总体设计

整个停车场的管理系统实行中央电脑集中监控,并采用感应式ID卡控制进出车辆。

包括:入口部分、出口部分、收费管理处、车辆指示导向四大部分。

若停车场的出口、入口均在一起,则在停车场进出口车道中央设一个安全岛,岛上安装出入口管理设备,车道边设收费管理处。

若停车场的出口、入口不在一起,则在停车场进口车道边安装入口设备,在停车场出口车道边安装出口设备,并在出口处设收费管理处。

车辆出入检测与控制系统,见图6-1。

二、入口部分

(1)入口部分主要由内含感应式ID卡读写器、ID卡出卡机、车辆感应器、入口控制板、对讲分机、自动路闸、车辆检测

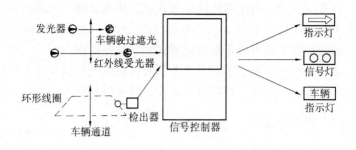

图 6-1 车辆出入检测与控制系统示意图

线圈、满位显示牌、彩色摄像机组成。

（2）临时车进入停车场时，设在车道下的车辆检测线圈检测车到入口处的票箱显示屏则灯光提示司机按键取卡，司机按键，票箱内发卡器即发送一张 ID 卡，经输卡机芯传送至入口票箱出卡口，并完成读卡过程。同时启动入口摄像机，摄录一幅该车辆图像，并依据相应卡号，存入收费管理处的计算机硬盘中。

司机取卡后，自动路闸起栏放行车辆，车辆通过车辆检测线圈后自动放下栏杆。

（3）当场内车位满时，入口满位显示屏或电脑屏则显示"满位"，并自动关闭入口处读卡系统，不再发卡或读卡。

三、出口部分

（1）出口部分主要由内含感应式 ID 卡读写器、车辆感应器、出口控制板、对讲分机、自动路闸、车辆检测线圈、彩色摄像机组成。

（2）临时车驶出停车场时，在出口处，司机将非接触式 ID 卡交给收费员，收费员在收费所用的感应读卡器附近晃一下，同时启动出口摄像机，摄录一幅该车辆图像，并依据相应卡号，存入收费管理处的计算机硬盘中，电脑根据 ID 卡记录信息自动调出的入口图像进行人工对比，并自动计算出应交费，并通过收费显示牌显示，提示司机交费。

收费员收费及图像对比确认无误后，按确认键，电动栏杆升起。车辆通过埋在车道下的车辆检测线圈后，电动栏杆自动落下，同时收费电脑将该车信息记录到交费数据库内。

（3）月租卡车辆进出、入停车场时，司机把月租卡在入口票箱感应区可识别距离，判断其有效性，其他过程同上。

四、收费管理处

（1）收费管理处内设备由收费管理电脑（内配图像捕捉卡）、ID卡台式读写器、报表打印机、对讲主机系统、收费显示屏组成。

（2）收费管理电脑除负责与出入口票箱读卡器、发卡器通信外，还负责对报表打印机和收费显示屏发出相应控制信号，同时完成同一卡号入口车辆图像与出场车辆车牌的对比、车场数据采集下载、读写用户ID卡、查询打印报表、统计分析、系统维护和月租卡发售功能。

五、系统特点

1. 车辆出入的检测与控制

通常采用环形感应线圈方式或光电检测方式。

2. 车位和车满的显示与管理

它可有车辆计数方式和车位检测方式等。

3. 计时收费管理

有无人的自动收费系统和有人管理系统等。

4. 车辆出入的检测方式

有红外线检测方式和环形线圈检测方式等。

（1）检测出入车辆的两种方式，见图6-2。

（2）光电式检测器的安装方式，见图6-3。

（3）环形线圈的施工方式，见图6-4

5. 信号灯控制系统

适应于不同的情况，信号灯控制系统，有不同的方式。

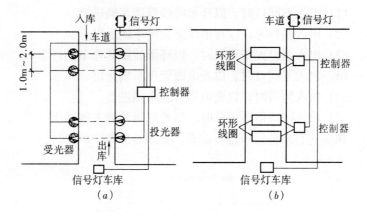

图 6-2 检测出入车辆的两种方式
(a) 红外光电方式；(b) 环形线圈方式

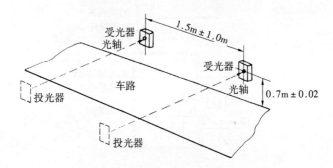

图 6-3 光电式检测器的安装

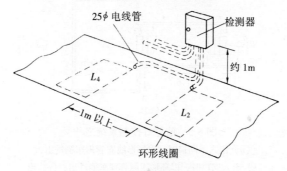

图 6-4 环形线圈的施工

(1) 出入不同口时，以环形线圈管理车辆进出。
(2) 出入同口时，以环形线圈管理车辆进出。
(3) 出入同口而车道长时，以环形线圈管理车辆进出。
(4) 出入不同口时，以光电眼管理车辆进出。
(5) 出入同口时，以光电眼管理车辆进出。
(6) 出入同口而车道长时，以光电眼管理车辆进出。
相应的有两种信号灯控制系，见图 6-5 和图 6-6。

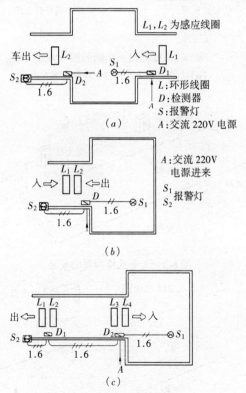

图 6-5 信号灯控制系统之一
(a) 出入不同口时，以环形线圈管理车辆进出；
(b) 出入同口时，以环形线圈管理车辆进出；(c) 出入同口而车道长时，以环形线圈管理车辆进出

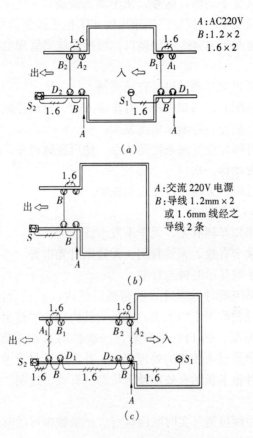

图 6-6 信号灯控制系统之二

（a）出入不同口时，以光电眼管理车辆进出；（b）出入同口时，以光电眼管理车辆进出；（c）出入同口而车道长时，以光电眼管理车辆进出

第二节 系统功能

一、主要设备功能

1. 自动路闸功能

(1) 接受手动输入信号，便于调试安装。

(2) 接受 ID 卡控制终端输出的 TTL 电平操作信号。

(3) 电闸带 RS485 通信接口，可接受收费管理电脑的直接控制。

(4) 可感知车辆通过，自动落闸。

(5) 落闸时，感知栏杆下有车误入时，自动停闸，具有安全防护措施，防止栏杆砸车情况发生。

(6) 可缓冲接受两条抬闸指令，使可连续过车，而不必每过一辆车都要动作一次。

(7) 延时、欠压、过压自动保护。

2．入口票箱功能

(1) 感知车辆有无，无车不发卡或读卡。

(2) 读卡有效、无效判别，无效则灯光报警。

(3) 平时显示时钟与日期。

(4) 系统随时识读进入票箱感应区内已经过合法授权的 ID 卡，一次性读取卡上的卡类、卡号、挂失标志、进出场标志、有效期等数据项，送 CPU 处理后，一次性写入相关标志与数据，然后根据卡类进入相应的处理程序，并显示卡号及卡状态。

(5) 月租卡显示有效期及卡状态（有效、过期、挂失、进出场状态）。

(6) 控制板能非实时联网运行。记录数据可随时被收费管理电脑访问及卸载。

3．收费处设备功能

(1) 完成临时卡收费、超时补交费及挂失处理。

(2) 控制出、入口设备的设定功能。

(3) 可调校出入口处时钟日期，卸载挂失黑名单。

(4) 采集出入口 ID 卡读写器内保存的记录，并整理建库。

(5) 生成各类统计报表。

(6) 指挥并控制出、入口各设定功能及进行系统动态控制。

4．月租卡发售设备功能

完成月卡的发售、查询。

二、系统软件功能

1. 月租卡管理

车主购买月租卡，按设立的收费标准计算应收余额，并确定有效期限，在确认的时限内可随意进出车场，否则不能进入车场，月卡资料包括卡号、车号、金额、有效时间等。

2. 时租卡收费管理

（1）按时收费：车辆进入车场时，电脑已记录了该车入场的日期和时间，读卡出场时，电脑自动算出该车停放时间；根据设定的计费标准，自动计算出收费总额。

（2）按次收费：车辆进入车场时，电脑已记录了该车入场的日期和时间及进场标识，读卡出场时；根据设定的计费标准，自动计算出收费总额。

3. 特殊卡管理

根据车场需要，可向某辆入场车发放特殊卡，并将记录自动记入电脑档案（也可打印出来），以便统计与查询。

4. 图像捕捉对比

（1）图像可辨认出司机外貌。

（2）图像的总存储量根据硬盘容量大小而定。

5. 资料管理

（1）查询各种相关资料。例如：月卡资料清单、被锁月卡清单，在场时租卡与月租卡车清单、已付款未离场时租车清单、某卡号车当前或一个月内进出场时间。

（2）时租卡读卡缴费时，打印机打印出该车入场日期、时间、序号、缴费日期、时间、缴费总额、免费，以及收银操作人员代码等。

（3）在执行更改月票资料、锁定或解锁月租卡、取消月租卡时，打印机打印出操作人员的代码，执行前的月租卡资料以及执行后的月租卡资料。

第三节 系统设计图例

一、系统设计示意图

(1) 典型的收费型停车场示意图，见图6-7。
(2) 进场过程示意图，见图6-8。
(3) 出场过程示意图，见图6-9。

二、系统设计举例

以加拿大CPE（APE）公司的停车场管理系统为例：

1. 入口时租车道管理型

如图6-10所示，它由出票机、闸门机、环形线圈感应器等组成。当汽车驶入车库入口并停在出票机（或读卡器）前时，出票机指示出票（或读卡），按下出票按钮并抽出印有入库时间、日期、车道号等信息的票券后，闸门机上升开启，汽车进闸驶过复位环形线圈（感应器）后，经复位感应器检测确定已驶过，则控制闸门自动放下关闭。

2. 时租、月租出口管理型

如图6-11所示，它由出票验票机、闸门机、收费机、环形线圈感应器等组成。入库部分与图6-10一样，在检测到有效月票或按压取票后，闸门机上升开启；当汽车离开复位线圈感应器时闸门机自动放下关闭。出库部分可采用人工收费或安设验票机（或读卡机），检测到有效月票后，闸门机自动上升开启，当汽车驶离复位线圈感应器后闸门机自动放下关闭。图中收费亭一般设在出库那侧（即图中面朝出口），收费亭各设备的设置如图中的左上方所示。

3. 验硬币或人工收费管理型

如图6-12所示，它由硬币/代币机、收费机闸门机和复位线圈感应器等组成。当汽车出库时，可采用投硬币或人工收费，经

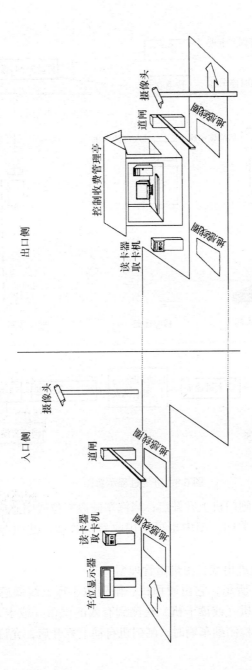

图 6-7 收费型停车场示意图

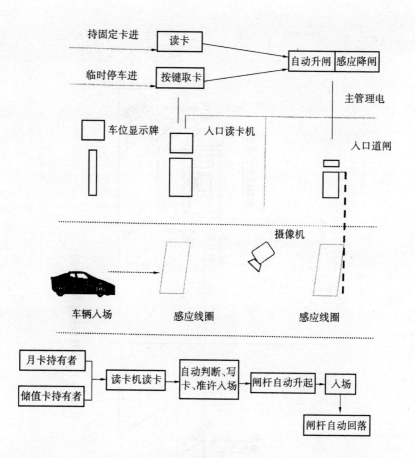

图 6-8 进场过程示意图

确认有效后,闸门机上升开启;当汽车驶离复位线圈感应器,闸门机自动放下关闭。图中也可采用收费机收费,此时与前例类似。

4. 验硬币进出或自由进出管理型

如图 6-13 所示,它由硬币机、闸门机、环形线圈感应器等组成。当硬币机(或读卡机)检测到有效的硬币(或卡片)时,或者感应线圈检测到车辆时,闸门机自动上升开启,允许车辆进

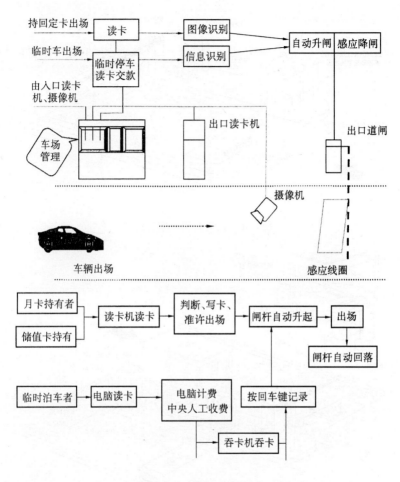

图 6-9 出场过程示意图

库或出库。当车辆驶过复位线圈感应器时,闸门机自动放下关闭。

5. 读卡进、自由出管理型

如图 6-14 所示,它由读卡器、闸门机、环形线圈感应器等组成。图中车辆出入口为同一个。车辆进库时,在读卡器检测到有效卡片后,闸门机上升开启,车辆进库;当车辆驶过复位线圈

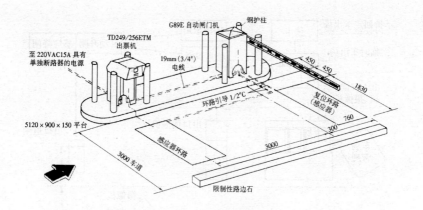

图 6-10 入口时租车道管理型

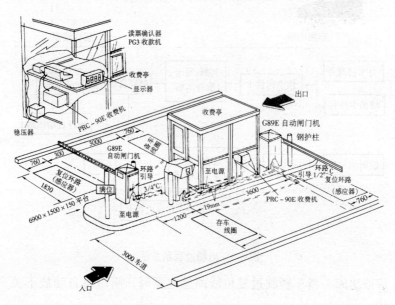

图 6-11 时租、月租出口管理型

感应器时，闸门机自动放下关闭。车辆出库时，车辆驶至环形线圈感应器时，闸门机上升开启，允许车辆出库并在驶过复位线圈感应器时，闸门自动放下关闭。

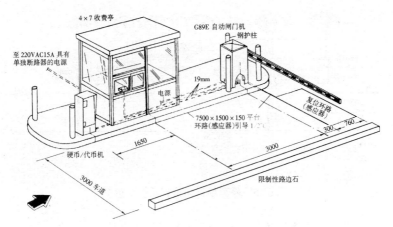

图 6-12　验硬币或人工收费管理型

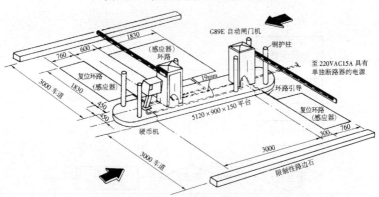

图 6-13　验硬币进出/自由进出管理型

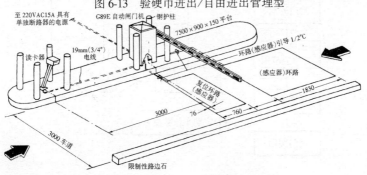

图 6-14　读卡进、自由出管理型

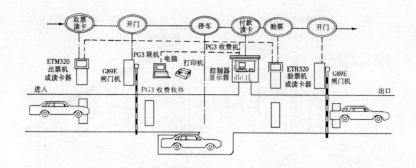

图 6-15 停车场自动管理系统示意图

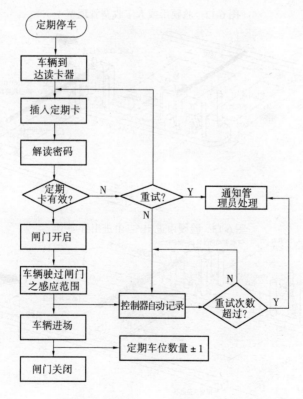

图 6-16 车辆入、出库的程序流程图

图中读卡器可采用 CR5 型和 26SA 型两种读卡器。CR5 型读卡器为插卡式,当经过编码的卡片(CR5 卡)插入读卡器后,在检测有效后读卡器可控制其联动设备动作。26SA 型读卡器为接触式,只需要将卡片放在读卡器的不锈钢的接触用面板上接触一下,卡片即被准确读取,指示绿灯亮,并准许放行。

6. 系统构成

图 6-15 是某交易所的停车库自动管理系统及流程示意图。其车辆出入程序流程图如图 6-16 所示。

参考文献

1. 中国机械工业教育协会. 楼宇智能化技术. 北京：机械工业出版社，2003
2. 张立勋. 机电一体化系统设计基础. 北京：中央广播电视大学出版社，2003
3. 梁华. 实用建筑弱电工程设计资料集. 北京：中国建筑工业出版社，2001
4. 国家标准《智能建筑设计标准》. 北京：中国计划出版社
5. 《电气工程师手册》第二版编辑委员会. 电气工程师手册. 北京：机械工业出版社，2000
6. 公安部安全防范工程可靠性研究项目组. 安全防范工程实用手册. 北京：中国人民公安大学出版社，2000
7. 刘宝林. 智能建筑技术资料集. 北京：中国建筑工业出版社，2000
8. 芮静康. 智能建筑电工电路技术. 北京：中国计划出版社，2001